助力乡村振兴
出版计划

【现代乡村社会治理系列】

# 村
# 植物景观
# 规划与设计

主　　编　邓新义

副主编　王晶晶　王玉龙　赵　俊

编写人员　王　婷　李红霞　王华斌　王祥慧
　　　　　王晶晶　邓新义　刘　佳　魏海燕

时代出版传媒股份有限公司
安徽科学技术出版社

**图书在版编目(CIP)数据**

乡村植物景观规划与设计 / 邓新义主编. --合肥:安徽科学技术出版社,2024.1
助力乡村振兴出版计划. 现代乡村社会治理系列
ISBN 978-7-5337-8845-2

Ⅰ.①乡… Ⅱ.①邓… Ⅲ.①园林植物-景观设计-研究 Ⅳ.①TU986.2

中国国家版本馆 CIP 数据核字(2023)第 215656 号

乡村植物景观规划与设计                                     主编　邓新义

出 版 人：王筱文　　选题策划：丁凌云　蒋贤骏　余登兵　　责任编辑：李志成
责任校对：张　枫　　责任印制：梁东兵　　　　　　　　　　装帧设计：武　迪
出版发行：安徽科学技术出版社　　　　　http://www.ahstp.net
　　　　　(合肥市政务文化新区翡翠路 1118 号出版传媒广场,邮编:230071)
　　　　　电话：(0551)63533330
印　　制：合肥华云印务有限责任公司　　电话:(0551)63418899
(如发现印装质量问题,影响阅读,请与印刷厂商联系调换)

开本：720×1010　1/16　　　印张：9　　　　字数：119 千
版次：2024 年 1 月第 1 版　　　印次：2024 年 1 月第 1 次印刷

ISBN 978-7-5337-8845-2　　　　　　　　　　　定价：39.00 元

# "助力乡村振兴出版计划"编委会

### 主　任
查结联

### 副主任
陈爱军　罗　平　卢仕仁　许光友
徐义流　夏　涛　马占文　吴文胜
　　　　董　磊

### 委　员
胡忠明　李泽福　马传喜　李　红
操海群　莫国富　郭志学　李升和
郑　可　张克文　朱寒冬　王圣东
　　　　刘　凯

【现代乡村社会治理系列】

（本系列主要由安徽农业大学组织编写）

总主编: 马传喜

副总主编: 王华君　孙　超

# 出版说明

　　"助力乡村振兴出版计划"(以下简称"本计划")以习近平新时代中国特色社会主义思想为指导,是在全国脱贫攻坚目标任务完成并向全面推进乡村振兴转进的重要历史时刻,由中共安徽省委宣传部主持实施的一项重点出版项目。

　　本计划以服务乡村振兴事业为出版定位,围绕乡村产业振兴、人才振兴、文化振兴、生态振兴和组织振兴展开,由"现代种植业实用技术""现代养殖业实用技术""新型农民职业技能提升""现代农业科技与管理""现代乡村社会治理"五个子系列组成,主要内容涵盖特色养殖业和疾病防控技术、特色种植业及病虫害绿色防控技术、集体经济发展、休闲农业和乡村旅游融合发展、新型农业经营主体培育、农村环境生态化治理、农村基层党建等。选题组织力求满足乡村振兴实务需求,编写内容努力做到通俗易懂。

　　本计划的呈现形式是以图书为主的融媒体出版物。图书的主要读者对象是新型农民、县乡村基层干部、"三农"工作者。为扩大传播面、提高传播效率,与图书出版同步,配套制作了部分精品音视频,在每册图书封底放置二维码,供扫码使用,以适应广大农民朋友的移动阅读需求。

　　本计划的编写和出版,代表了当前农业科研成果转化和普及的新进展,凝聚了乡村社会治理研究者和实务者的集体智慧,在此谨向有关单位和个人致以衷心的感谢!

　　虽然我们始终秉持高水平策划、高质量编写的精品出版理念,但因水平所限仍会有诸多不足和错漏之处,敬请广大读者提出宝贵意见和建议,以便修订再版时改正。

# 本册编写说明

　　乡村,是大地的情感记忆,是自然与人文的交融之地,更是人类灵魂的故乡。在城市化的浪潮中,乡村地区的风景、文化和生活方式正受到前所未有的冲击和威胁。因此,乡村的保护和发展成为当代社会发展的紧迫任务之一。

　　在这个背景下,乡村植物景观规划与设计成了一项关键工作。植物景观不仅是乡村环境的一部分,更是连接人与大自然、传承文化的纽带。本书深入探讨了如何充分挖掘和利用乡村植物资源,保护和传承乡村文化,提升生态环境质量,促进农村经济的多元化发展,并通过实际案例加以分析,旨在帮助读者更好地理解、规划和塑造乡村植物景观,以实现可持续发展和乡村振兴。

　　我们要强调的是,乡村植物景观规划与设计不仅仅是一项技术性工作,更是一种需要热情和创造力的艺术。我们希望本书能激发读者的热情,启发他们的创造力,让他们在乡村振兴的伟大事业中贡献自己的力量。

　　在本书的编写过程中,我们借鉴了众多乡村植物景观规划与设计领域的专家经验,并对多个案例进行了深入分析。但我们也清楚,乡村植物景观规划与设计的实践是多样的,每个地区都有其独特的特点和需求。因此,我们鼓励读者根据实际情况进行创新和探索,为乡村振兴贡献自己独特的智慧。

　　最后,我们要感谢所有为本书的编写和出版付出努力的人,他们的辛勤工作和奉献精神使得这本书得以问世。我们希望它能成为一份有价值的参考资料,为乡村植物景观规划与设计的实际工作提供有力的支持。

# 目　录

# 第一章 概 述

## 第一节 我国乡村建设总体历程

我国地域辽阔,村庄星罗棋布。我国是历史悠久的农业大国,虽然伴随着改革开放,城镇化进程加快,但乡村仍然是人们心仪的居住地。

近些年,国家围绕"乡村发展"的探索从未停止。改革开放以来,我国乡村取得跨越式发展,在生产、生活、生态、文化等各方面均有一个系统性的提升。1982—1986年,中央连续五年发布了关于农村建设问题的一号文件。1987年开始,中央决定进行经济体制改革,工作重心由农村转移到了城市。但随着城乡差距进一步扩大,自2004年起,中央一号文件重新回归"三农"问题,高度重视农村发展,加速了城乡协调发展的历史进程。2017年10月,党的十九大报告首次提出乡村振兴战略,指出农业、农村、农民问题是关系国计民生的根本性问题,坚持农业农村优先发展,必须始终把解决好"三农"问题作为全党工作的重中之重。

通过梳理历年中央一号文件,总结我国乡村建设的政策走向,挖掘我国乡村发展的政策变迁和发展脉络,对深入了解我国乡村发展历程及实施乡村振兴战略具有重要参考意义。我国乡村发展大致经历了三次跨越,即1982—1986年改革开放初期的乡村建设(图1-1与图1-2)、2004—2012年新世纪时期的乡村建设、2013—2022年党的十八大以来的乡村建设(图1-3与图1-4)。任何发展战略举措的提出,均与当时的国家发展目标和生产力发展水平相适应。因此,乡村发展的任何一次跨越,均是对前一次乡村建设的延续与提升、发展与超越,是乡村建设目标

与标准不断提升、内涵与外延不断拓展的过程。

图1-1　改革开放初期乡村建筑风貌

图1-2　改革开放初期乡村绿化景观

图1-3　党的十八大以来乡村建筑风貌

图1-4　党的十八大以来乡村绿化景观

## 一 1982—1986年改革开放初期的乡村建设

　　改革开放初期,我国的乡村建设基本上处于低水平的自主发展阶段。1982—1986年发布的5个一号文件,即《全国农村工作会议纪要》《当前农村经济政策的若干问题》《关于1984年农村工作的通知》《关于进一步活跃农村经济的十项政策》《关于1986年农村工作的部署》,主要是对农村改革和农业发展做出具体部署,包括"包产到户、包干到户或大包干""放活农村工商业""家庭联产承包责任制""统购派购的制度"等,为城市的发展提供了基础。这一时期正是中国农村又一次剧烈变动时期,从经济运行看,这个时期是从计划经济到社会主义商品经济的转型期。家庭联产承包责任制的推进走出了公社体制,家庭成为农业生产的主体。农村商品经济快速发展,极大地活跃了农村市场。

　　在这一阶段,可以看出农民的农业生产积极性被极大地调动起来,农业生产有了前所未有的发展,但是涉及乡村建设发展的内容较少,着重点在于农业生产问题以及改革,以迅速扭转我国生产效率低下和农产品原料供给不足的状况。

## (二) 2004—2012年新世纪时期的乡村建设

进入21世纪以来,中国社会在改革开放中阔步向前。在工业化、城市化稳步发展的同时,城乡差距逐渐拉大,农村滞后的基础经济建设成为影响农民生活和农业生产的重要短板。为防止出现严重的两极分化,协调农村与城市共同发展,进一步提高农民的收入和加速推进农业现代化,中央审时度势,提出了建设社会主义新农村的战略。为此,从2004年至2012年,中央又连续发布了9个涉农的一号文件。

自2005年提出"以工补农、以城带乡"方针后,中央专门就新农村建设发文,提出要按照"生产发展、生活富裕、乡风文明、村容整洁、管理民主"的要求,扎实推进社会主义新农村建设,改善农村面貌。随后一号文件围绕"现代产业体系""新型农民""促进农业发展和农民增收""坚持'多予、少取、放活'的方针""用统筹城乡的思路,夯实农业农村发展基础""加快推进农业科技创新"等主题,针对农业农村发展中存在的短板问题予以政策关注和支持。随着对乡村建设关注程度的加深、财政投入的加大、农民需求的强化,乡村面貌发生了许多显著变化。

这一阶段的乡村建设,与当时我国整个社会发展目标以及对农村的要求是一致的,归根结底与当时我国的生产力水平相符。以村庄环境改善为重点的新农村建设在全国迅速展开,乡村建设由协调村镇建设与耕地保护转入以提升村庄环境为重点的快速发展时期。新农村建设中要求的村容整洁,是展现农村新貌窗口、实现人与环境和谐发展的必然要求。社会主义新农村呈现在人们眼前的景象是原先脏乱差的状况从根本上得到治理、人居环境明显改善、农民安居乐业,这是乡村建设成果最直观的体现。

## (三) 2013—2022年党的十八大以来的乡村建设

随着我国综合国力的增强,以及对农业农村投入的逐年增加,农村的社会面貌和农民的生产生活水平都发生了翻天覆地的变化,农村的社

会事业取得了长足发展,基本社会保障制度基本上实现了全覆盖。党的十八大以来,在以习近平同志为核心的党中央领导下,中国特色社会主义推进到新时代。为响应美丽中国建设目标,2013年中央一号文件提出建设"美丽乡村"奋斗目标。美丽乡村是美丽中国在乡村的体现,是在农村生产生活条件改善、生态文明建设改进条件下综合生产生活生态的系统建设,是新形势下城乡协调融合发展的重要载体。这一阶段的一号文件分别围绕"加快发展现代农业 进一步增强农村发展活力""全面深化农村改革 加快推进农业现代化""加大改革创新力度 加快农业现代化建设""落实发展新理念 加快农业现代化"等主题,进一步拓展乡村建设的内涵和外延,进一步提升乡村建设的标准和水平。美丽乡村建设的内容可以说是系统全面的,因地制宜探索发展。

党的十九大提出我国社会主义建设进入新时代,要实现新时代建成富强民主文明和谐美丽的社会主义现代化强国的宏伟目标,很大程度上取决于乡村建设的现代化程度。2018年,中央一号文件围绕乡村振兴战略总体要求,明确了任务重点和实施举措。乡村振兴战略的实施,将为我国现代化建设目标的加速实现提供重要推动力量,必将使长期缺乏现代化要素流入的乡村重新焕发出应有的生机和活力。

党的十八大以来,乡村建设取得了跨越式进步,"美丽乡村"目标提出后,对人居环境有了更高的要求,农村公共建设、社会保障和乡村发展建设等都进入快车道,农村生产生活改观明显。全国相继开展农村人居环境示范村建设,涌现出众多特色田园乡村、美丽宜居村庄等地方特色乡村建设实践的优秀案例。这一阶段的乡村建设在注重村庄环境改善的同时,更注重经济发展、生态环境、社会文化的协调。

## ▶ 第二节 乡村振兴战略大背景

2017年10月,党的十九大报告首次提出乡村振兴战略,提出了"产业兴旺、生态宜居、乡风文明、治理有效、生活富裕"的总体要求。2018年,中央农村工作会议又立足当前、面向长远,就如何实施乡村振兴战略做出了具体部署。至2022年,中央一号文件已连续十九年聚焦"三农",全力推进乡村振兴。

2018年1月,中央一号文件《关于实施乡村振兴战略的意见》按照党的十九大报告提出的总要求,从农村经济建设、政治建设、文化建设、社会建设、生态文明建设和党的建设等方面,围绕实施乡村振兴战略进行了全面布局,具有更大视野、更宽思维。

2018年9月,中共中央、国务院印发《乡村振兴战略规划(2018—2022年)》,指出到2020年,乡村振兴的制度框架和政策体系基本形成,各地区各部门乡村振兴的思路举措得以确立,全面建成小康社会的目标如期实现。到2022年,乡村振兴的制度框架和政策体系初步健全,探索形成一批各具特色的乡村振兴模式和经验,乡村振兴取得阶段性成果。到2035年,乡村振兴取得决定性进展,农业农村现代化基本实现。到2050年,乡村全面振兴,农业强、农村美、农民富全面实现。

2021年4月,十三届全国人大常委会第二十八次会议表决通过《中华人民共和国乡村振兴促进法》,规定每年农历秋分日为中国农民丰收节;建立乡村振兴考核评价制度、工作年度报告制度和监督检查制度;实行永久基本农田保护制度;建立健全有利于农民收入稳定增长的机制;健全乡村人才工作体制机制;健全重要生态系统保护制度和生态保护补偿机制等,强化全社会对乡村的认知和理解,从制度层面促进城乡之间的产业、文化、要素、观念的融合。

## 一）乡村振兴与乡村建设

2000年之后,我国城市化进程大步向前,面对逐渐扩大的城乡差距,国家在2002年提出了城乡统筹发展的战略目标。全国各地开始积极进行乡村建设的实践和探索,出现了浙江省"千村示范、万村整治"、江西省"村庄整治试点"等乡村建设实践,旨在改变乡村持续衰败的趋势。2005年,党的十六届五中全会提出社会主义新农村建设战略,提出要按照"生产发展、生活富裕、乡风文明、村容整洁、管理民主"的要求,积极稳妥推进新农村建设,加快改善人居环境,加快推进社会主义新农村建设。同年,建设部召开全国村庄整治工作会议,会议在总结全国乡村建设经验的基础上,提出在全国推进村庄环境整治工作,要求因地制宜、扎实稳步推进村庄整治,解决农村中存在的各类问题,如农民住宅与畜禽圈舍混杂、供水排水安全、环境卫生、污水与垃圾处理等。村庄整治工作要取得广大农民的支持,必须坚持为农民服务的思想,统筹兼顾农民的承受能力与实际需要,走充分利用已有基础、改善农民最基本生活条件的路子。这段时期,以村庄环境改善为重点的新农村建设在全国迅速展开,乡村建设由协调村镇建设与耕地保护转入以提升村庄环境为重点的快速发展时期。

2012年以后,我国城镇化逐步进入转型时期,工业反哺农业、城市支持农村,成了一个普遍的趋向。新农村建设中以村庄环境整治为重点的乡村建设改善了人居环境,从根本上改善了农民生活条件、改变了农村落后面貌,坚定了村民自主建设家园的信心和决心。2014年5月,国务院办公厅印发《关于改善农村人居环境的指导意见》,要求稳步推进宜居乡村建设,保持村庄整体风貌与自然环境相协调。保护和修复自然景观(图1-5)与田园景观,保护和修复水塘(图1-6)、沟渠等乡村设施,开展农房及院落风貌整治和村庄绿化美化(图1-7与图1-8)。

图1-5 村庄自然景观

图1-6 村庄水塘修复

图1-7 村庄小广场绿化

图1-8 村庄立体绿化

## 二　乡村振兴与美丽乡村

　　进入新时代,"绿水青山就是金山银山"理念深入人心,从2005年到2015年的提出科学论断的十年间,浙江省在实践和探索中将"绿水青山就是金山银山"化作生动现实,已然从盆景变风景、化苗圃为森林,呈现出生态引领发展的新局面。作为"绿水青山就是金山银山"理念发源地,浙江安吉在2008年正式提出"中国美丽乡村"计划,后出台《建设"中国美丽乡村"行动纲要》。安吉的美丽乡村建设不仅带动了农村的生态农业与乡村旅游业的快速发展,同时还不断探索乡村振兴路径,为经济发展提供了强大助力,依靠知识产权赋能点亮了绿水青山,为中国社会主义新农村建设探索出一条创新的发展道路。

　　2013年1月,中央一号文件首次提出建设美丽乡村的建设目标,进一步加强农村生态建设、环境保护和综合整治工作。随后,中央对前期乡村建设进行了总结与反思,提出乡村建设应保留原始风貌与特色,重塑自然田园风光,提升居民生活水平。2017年,党的十九大提出乡村振兴战略目标,以"产业兴旺、生态宜居、乡风文明、治理有效、生活富裕"为总体目标,全面推进乡村振兴战略。乡村建设自此上升到国家战略高度,乡村振兴战略的实施为乡村建设提供了明确方向。2018年,中共中央、国务院印发《乡村振兴战略规划(2018—2022年)》,对乡村建设提出新的总体要求与发展目标,乡村建设热潮再次在全国范围内兴起。

　　乡村振兴是民族复兴的必要条件,乡村绿化美化是实施乡村振兴战略的重要任务。为落实《农村人居环境整治三年行动方案》《农村人居环境整治提升五年行动方案(2021—2025年)》,科学开展乡村绿化美化(图1-9),促进农村人居环境整治提升,国家林业和草原局、农业农村部、自然资源部、国家乡村振兴局研究制定了《"十四五"乡村绿化美化行动方案》,提出注重乡土味道,保护乡情美景,留住乡愁。开展村庄绿化美化,建设一批供村民休闲娱乐的小微绿化公园、公共绿地。开展庭院绿化,见缝插绿,有条件的可开展立体绿化,乔、灌、草、花、藤多层次绿化,提升庭院绿化水平(图1-10)。对村庄"金边银角地"、房前屋后闲置地等进行改造,利用毛竹、鹅卵石甚至建筑废料等农村资源,就地取材,融入乡土元素，推进实现"山地森林化、农田林网化、村屯园林化、道路林荫化、庭院花果化"。根据地理位置、自然禀赋和发展基础，稳步推进乡村绿化美化。实现乡村振兴的关键就在于通过不断地开展农村人居环境整治活动，打造出符合"生态宜居"标准的美好乡村环境。乡村振兴是新农村建设和美丽乡村建设的转型提升，是在人居环境、产业发展、生态保护、文化传承、社会治理等方面的全方位升级，乡村建设正式进入全面调整提升时期。

图1-9　乡村绿化景观

图1-10　庭院绿化

党的十九大报告将此前新农村建设的"村容整洁"提升为"生态宜居"，彰显了生态文明的价值和分量，赋予了其时代意义。生态宜居是践行"绿水青山就是金山银山"理念、把生态资本变成富民资本、将生态资源转变为经济发展优势的有效途径，是实施乡村振兴战略的关键内容。习近平同志在多个重要场合都反复强调和倡导："我们既要绿水青山，也要金山银山。宁要绿水青山，不要金山银山，而且绿水青山就是金山银山。"这一重要论断在党的十九大中被写进党代会报告，《中国共产党章程（修正案）》也增加了"增强绿水青山就是金山银山的意识"的相关表述。可见，这一论断在社会主义生态文明建设的历程中起着里程碑的作用，是我国生态文明建设的一大进步。

### （三）乡村振兴与乡村旅游

乡村旅游是旅游业的重要组成部分，是实施乡村振兴战略的重要力量，在加快推进农业农村现代化、城乡融合发展、贫困地区脱贫攻坚等方面发挥着重要作用。从2015年开始,中央一号文件提出,要积极开发农业多种功能,挖掘乡村生态休闲、旅游观光、文化教育价值。各部门陆续出台了一些乡村旅游的相关政策,鼓励发展乡村旅游,为乡村旅游的发展奠定了坚实的基础。城市里久居樊笼的人也愿意回到田园中,亲近自然,感受乡野气息。

　　党的十九大报告提出乡村振兴战略,要把解决"三农"问题作为全党工作的重点。在乡村振兴战略背景下,2018年文化和旅游部发布《关于提升假日及高峰期旅游供给品质的指导意见》,指出要严格把控旅游高峰期及节假日的旅游出行活动,提高旅游服务供给质量,并列出十一种旅游新业态,点名加大开发力度,包括邮轮游艇游、休闲度假游、乡村民宿游、康养体育游、城市购物游等。2018年10月,国家发展改革委等13个部门联合印发《促进乡村旅游发展提质升级行动方案(2018—2020年)》,提出"鼓励引导社会资本参与乡村旅游发展建设",加大对乡村旅游发展的配套政策支持。传统农业正在改变以前掠夺式的生产模式,与第二、三产业融合,逐渐向"农旅结合、以农促旅、以旅强农"的休闲农业与乡村旅游转型,成为统筹城乡发展的有效途径。2019年的中央一号文件强调要增加农民收入来源,发展壮大农村产业。充分发挥乡村自然资源和人文资源的优势,依托城乡居民需求,发展壮大休闲旅游、康养研学、民宿餐饮、房车露营、花海经济等产业。加快乡村地区旅游基础设施的提质升级,通过改善乡村人居环境以及卫生、通信、交通等公共服务设施,助力乡村振兴战略的实施。

　　2020年1月,农业农村部印发《数字农业农村发展规划》通知,鼓励发展生态旅游、生态种养等产业,完善智慧休闲农业平台和休闲农业数字地图,通过引导建设乡村旅游示范县、美丽休闲乡村助力乡村振兴战略落地。2022年8月,中共中央办公厅、国务院办公厅印发《"十四五"文化发展规划》,提出充分发挥文化传承功能,全面推进乡村文化振兴,推动乡村成为文明和谐、物心俱丰、美丽宜居的空间;加强农耕文化保护传承,支持建设村史馆,修编村史、村志,开展村情教育;把乡土特色文化融入乡村建设,留住乡情乡愁。2021年,中国浙江余村(图1-11)和安徽西递村(图1-12)入选首批联合国世界旅游组织"最佳旅游乡村"名单。

图1-11 浙江余村

图1-12 安徽西递村

## ▶ 第三节 乡村植物景观的作用

习近平总书记作出重要指示强调:要结合实施农村人居环境整治三年行动计划和乡村振兴战略,进一步推广浙江好的经验做法,建设好生态宜居的美丽乡村。乡村植物景观营造是乡村建设重要的内容,对乡村建设风貌产生较大的影响。在植物的运用上应考虑到乡村的环境、生态等方面与乡村绿水青山大背景是否相适应,要把乡村建设得更像乡村,让人们望得见山、看得见水、留得住乡愁。乡村植物景观在方方面面发挥着重要的作用。

### 一 生态中的作用

植物是生态中的重要元素,尤其是乡村植物以其独有的生命代谢活动成为自然界的第一生产力,在应对全球气候变化、受损环境的生态修复、多样化的栖息地建设及舒适的微环境营造等方面发挥着重要的作用,以生态为本勾勒出金山银山。

### 二 生活中的作用

植物是构成人类宜居家园不可缺少的载体,使"最美庭院"、"最美公路"、宅前屋后等乡村空间肌理得到了升华。因地制宜选用乡土树种构建自然生态群落,更有助于塑造乡村特色形象,打造地域生态景观。

### 三 文化中的作用

植物还具有深厚的文化内涵,传承着文化之脉,包括种植文化、民俗文化、饮食文化及信仰文化等。

# 第二章

# 当下的乡村

## ▶ 第一节　印象中的乡村

　　什么是乡村？什么样的乡村算是美好的？什么样的乡村生活值得保留又让人向往？大多数人会联想到原始而充满野性的自然风景，心中出现"画里乡村、梦里老家"的场景——田园环绕、泥土相依，瓜果飘香、鸡犬相闻，聚族而居、乡里乡亲，婚丧嫁娶、全村参与，公共空间、群话桑麻，独立院落、村落生活，农忙务农、农闲手工，个体经济、互帮互助，村规民约、法礼并存。这是几千年来人们心目中对美丽乡村和乡村生活最直接的印象，这主要源于人们对乡村自然风景本身所呈现出来的美学及其文化意向的认知与解读。2013年12月，习近平总书记在中央城镇化工作会议上提出的"望得见山，看得见水，记得住乡愁"就是对美丽乡村的最好解读。

## ▶ 第二节　当下的乡村

### 一　对乡村发展的误解

　　随着现代化进程的加快，城市和乡村呈现出了不同的发展路径。今天对于乡村，我们谈论更多的是乡村的环境与生活风格。经历过乡村生活的一代人会有一种乡思和乡愁的情怀，而没经历过乡村生活的大多数

年轻人可能会陷于一种文青式的浪漫想象。

在社会快速发展的进程中,我们过去一直在谈城乡差距,"城乡差距"这个词组实际上对于乡村是一种贬低的评价。这种差距的提出,很容易让人误以为:乡村要对标城市,它们属于同一个范畴,只有乡村快速发展了,才能弥补城乡之间的所谓差距。那么在重城市轻乡村的发展历史中,乡村很自然地就被边缘化了。

## 二 现实中的乡村

乡村城市化的思维方式,首先,导致部分地区生态环境屡遭破坏,又因为当地居民环境保护意识淡薄,乡镇环保力量薄弱,环保资金投入不足,这种破坏可能一直得不到缓解;其次,造成乡村产业活力不强,农业产业结构单一,局部出现抛荒现象(图2-1),又由于农产品附加值较低,大量优质农田被占用,农业进一步边缘化与低效化;再次,导致乡村的生产要素(劳动力、资金、土地等)长期净流出,乡村发展缺乏内生动力;最重要的是,乡村城市化思维会导致乡土特色保护意识的缺乏,在发展中大拆大建,粗放生长,建筑西洋风,布局机械呆板、兵营式,建设模式快餐式,这让乡村文化特色彻底流失,破坏了乡村与自然的和谐关系,乡村本来的文脉和肌理被打断甚至消失;最后,过度城市化建设的偏离尺度过大,有很多乡村出现过度设计与过度建设,尺度规模不适宜,硬质化过多(图2-2),机械化过重,环境人工味过浓,采取几何图案式、整形的灌木及树阵等城市广场设计建造手法,环境风貌与乡村的本质格格不入、不协调,手法太做作等。要避免出现这些不和谐的风景,不仅要在思想上提

图2-1 乡村抛荒

图2-2 乡村硬质化

高认识,还要从本质上去分析乡村的内核。

### 三 从乡村的主题寻找乡村植物景观的本质

要想建设好乡村,就要突破乡村与城市并列的认识,需要从以城市为中心的社会情境中脱离出来,建立自我的主题。

区别于城市高密度空间,乡村拥有的是开阔的视野、宁静的环境和美丽的自然景致。在此之中,植物扮演着非常重要的角色,它直接能够影响到的就是生态环境。另外,乡村植物在一定程度上成了乡村地域文化的表现载体,影响到人们文化和情感的交流。但是由于缺乏对一些乡村植物景观特征、价值的认知,乡村植物景观的绿化配置模式,包括植物的种类选择实际上就是城市植物景观的简单复制,这使得乡村原有的植物景观风貌特征随着植物景观外在的表现和内涵的转化而逐渐消减,当地的乡土气息越来越弱。当我们以乡村旅游观光的视角来看待乡村时,乡村就带有引号了。

植物景观作为自然与人类之间的调和者,集结了自然环境的特质,在乡村营建之前,这些原生植物就存在,经过改造后的植物景观,会逐渐成为一种文化的自然,在人为实践经验下也被赋予了一些人性化的特征,包括自然特征的外化和文化特征的内化。通过与周边自然空间的渗透,其形态、种植方式等都呈现出这种自然化的过程,植物景观空间交叉和边界的模糊,呈现出了一种柔美的渗透性。这样的植物景观既满足了生活环境的美化和使用需求,又集结了自然和社会的一些情感和精神,产生了一定的生活意义,这构成了乡村植物景观的本质,即乡村植物景观形成了乡村人居环境自然性和社会性的完美结合。

## ▶ 第三节 当下的乡村植物景观

目前,我国正处在传统乡村景观到现代乡村景观的过渡时期。从过去的轻绿化重硬化、亮化,到后来的四旁绿化、增绿添彩,再到近些年的美丽乡村建设,乡村景观逐渐被提到一个重要的位置。植物景观作为乡村景观的重要组成部分,尤其作为绿化的核心部分,越来越被重视。但在美丽乡村景观建设快速推进的过程中也存在一些问题,有些乡村因一味地追求遮丑添彩、快速景观化、积累业绩,建设盲目冒进;有些乡村为了追新求洋,摒弃原有民俗文化,一味模仿城市植物景观(图2-3)。

图2-3 仿城市景观

## 一 乡村植物景观实用性丢失

乡村绿化与村民的生产、生活密切相关,房前屋后的菜地、廊架上的藤瓜、村头街尾的古树等都是村民生产、生活的必要组成部分。但在美丽乡村建设中,很多植物景观因领导喜好和设计师个性而设计实施,忽视了村民的需求,不被村民接受。有些乡村植物景观因不实用、空间设计不便,项目建成后,或者成为"尴尬的摆设",或者被村民自发改作菜地或自行栽植果树。一些植物种植区,因为干扰村民的活动习惯、占用村民晒粮打谷区域、影响村民停车等,头年建的种植池,次年就被村民自发拆除,更有甚者,在施工时就产生纠纷,景观的持续性更无从提起。这不仅造成了材料的浪费,而且严重影响了景观的完整性。

## 二 乡村植物配置生态安全性缺失

为了营造优美的乡村道路景观,并能够快速成景,很多乡村道路采用草花混播的绿化方式。目前市场上的草花混播组合中,很多品种自播繁衍能力极强。如果混播种植区域与农田没有很好地隔离,自播繁衍能力强的草花极易蔓延至农作物种植区，形成农田杂草，且极难清除。此外，近些年来在乡村景观中观赏草应用越来越热。观赏草营造的意境与乡村的朴野气质较为匹配，又因其抗性强、养护成本低，也深受设计师推崇。但观赏草多是由抗性强、繁殖力强的禾草类植物培育而来的，其原生种多为野生杂草，在应用中有成为逸生种、入侵种的隐患。

以往的乡村四旁绿化树木多是靠天吃饭，不追肥、不施药，但在美丽乡村建设过程中，这些都要经过统一规划设计、施工养护。为了保证成活率和景观效果，要施用大量的农药、化肥。有时为了保证定期观赏效果，还要喷施封闭除草剂、催花素等。农业生产本身已经形成很大的面源污染，而新型的乡村景观绿化（图2-4）又增加了乡村的面源污染，对乡村生态造成了较为严重的破坏。

乡村河道多数具有雨季行洪功能，河岸或为直砌形式或为自然形式，或为杂草护坡或为河柳护堤。这些都是经过多年的行洪需求而逐渐形成的稳定现状。在美丽乡村建设中，为了提高景观品质，经常要肃清原始河道内的灌丛杂草，人工砌筑驳岸。为了营造较好的亲水效果，从常水位到河岸要砌筑多层绿化种植池。雨季洪水来临时，驳岸砌筑材料和绿化植物有可能遇到一场洪水就被全部冲垮（图2-5），不仅造成水土流失、资源浪费，还对下游构成极大的安全隐患。

图2-4　乡村景观绿化　　　　　　　　图2-5　乡村护坡坍塌

## （三）乡村植物景观经济性低

乡村的景观建设和维护多靠乡镇财政拨款和自筹资金，专项财力与城市相差甚远。很多项目在建设之初尚有较为充足的资金支持，但建成后却难以维持。尤其一些缺乏旅游资源和产业支撑的乡村，既没有新型社区的政策覆盖，又不能成为发展良好的旅游村，景观建设和维护资金严重短缺。实际建设中又贪大求洋、盲目求贵，致使乡村景观建设财政压力巨大。例如，重要节点为了快速出效果，种大树、摆盆花，采用大面积的一、二年生草花，遇上有重要活动的年份，一年内要更换两三次，种植和养护成本极高。花卉枯死后，只能继续投入重新栽种，或铲除空置。

在很多美丽乡村的景观建设项目中，村庄外围花海（图2-6）、花带随处可见。其初衷本是美化村庄风貌，展示特色农业景观，但因刻意追求形式化的景观和快速见效，大多数的花海使用观赏花卉作为材料。这种花海建成后要形成稳定、长期性的景观，需年年投入大量的植物材料和管护成本。为了定期开花，还要喷施封闭除草剂、催花素、多轮灌溉，较之农业生产，工序复杂许多，有些花海需水量甚至是农作物的几倍。后期一旦花海经营不下去，又得重新改回农田，但田垄已推，土地肥力已降，各种药物、激素残留增多，自播花卉变成了除不尽的杂草，恢复生产成本极大。

图2-6 村庄外围花海

## （四）乡村植物景观文化性不足

与城市相比，乡村有其特色的朴野精神和文化底蕴。不同的乡村，民俗文化各有特色，景观建设应选择与之相对应的植物材料和配置方式。但实际应用中，为了求美、求新，过分追求城市化的植物景观，忽略

了原有的乡村文化特色,致使乡村植物景观特色逐渐消亡。

乡村绿化空间中很多区域现状分布有大量的杨、柳、榆、槐等常见乡土林木,多数处于青壮年期。乡村植物景观建设过程中,一方面有些领导追求"高档次"的景观,将大量乡土林木换为园林观赏树种;另一方面,部分村民希望在自家宅前屋后栽贵的、好看的树种。最终,只要是绿化空间,无论村内村外,无论大树、小树,原生树木多被砍伐重新种植,导致原有的乡土植物景观消亡。

乡村四旁绿化空间较少,从布局规划开始,规划设计师就在利用一切可利用的空间划定绿化范围。很多打谷晒粮、植果种菜的地块被占用,给村民生产、生活带来很大不便。同时,在乡村植物景观设计中,银杏、元宝枫、北美海棠等城市绿化较为常用的名贵或当下流行的树种,无论差异,都大批量应用。有些乡村景观为了追求"高雅",四旁大范围采用客栈、民宿(图2-7与图2-8)的精细、雅致的绿化手法,虽提高了景观品质,但与村庄文化内涵已经渐行渐远。植物景观剥离了乡土文化,易形成"千村一面"的态势,不入乡、不随俗,不利于美丽乡村的特色塑造。

图2-7　乡村客栈　　　　　　　　图2-8　乡村民宿

## (五) 设计与施工脱节

在美丽乡村建设的植物景观设计过程中,测绘、勘察等基础资料准确性有限,村民的宅基地、牲畜棚舍、生产设施等又处于动态变化的过程中,种植设计图纸在现场经常无法正常使用,图纸常常要返工多遍,其间还有数不尽的变更单、洽商函、材价及认价,反复核算成本。同时,植物

栽植后拔除、铲除的现象也不可避免,造成了设计资源、材料资源的巨大浪费。

很多时候,美丽乡村拆、改建前期评估不够详细,直接影响后期建设空间和建设成本。当建设空间和预算资金出现问题后,有可能会局部放弃拆、改建,或在其他区域新增拆、改建。有时候会出现最核心的设计部分被删减一空,导致景观空间少、景观无灵魂、设计方案落地难等尴尬的局面。

乡村植物景观与乡村的生产、生活、生态密切相关,其设计要严格遵守可持续性、生态安全性、经济性、文化性的原则,做接地气的植物景观。同时,要重视调研、探访、民俗传承在景观建设过程中的重要性。

# 第三章

# 乡村景观与乡村植物景观

## ▶ 第一节　乡村景观的概念和构成要素

### 一 乡村景观的概念

　　我国是一个农业大国，以农业为基础，由人类主导的农耕文明几千年来从未间断。人类是景观的重要组成部分，乡村景观其实就是人类同自然环境相互作用形成的产物，因此，乡村景观的实质是以农业聚落为中心的空间场所，包括山川、湖泊、森林、河流、草原、荒漠等自然景观和村落、农舍、农田、牧场、林地、生产设施等人文景观。

　　乡村景观泛指城市景观以外的空间景观形式，区别于城市景观的是其特有的生产景观和田园文化。一般认为乡村景观是自然风光、乡村田野、乡土建筑、民间村落、道路以及当地特有的民俗文化现象的复合体。

### 二 乡村景观的构成要素

　　乡村以农业生产为主要特征，其景观代表着自然景观向人工景观过渡的变化趋势。在这个动态变化过程中，自然景观以村庄外独立的外部山水自然环境为对象，发挥着生态价值和生态美学价值，其生态要素是乡村景观形成的自然基础；而人工景观是以人类活动为中心形成的村庄范围内的生产、生活和文化活动要素的总和，融合了人类活动的生产要素、生活要素和文化要素。生产要素是乡村景观形成的物质条件，生活要素是乡村景观发展的内在动力，文化要素则是乡村景观得以延续的精神支柱。这些要素相互融合,共同构成了乡村景观。下面就对这四类要素,即生态景观要素、生产景观要素、生活景观要素、文化景观要素进行说明。

### 1.生态景观要素

原生态环境是乡村中最宝贵的资源,空旷的田野、新鲜的空气、干净的水流等生态环境构成了乡村景观的背景。生态要素体现了乡村景观的自然特性,包含了大自然中的气候、水体、地形、植被、动物等要素。

1)气候要素

乡村的特定气候对人的精神情感有正面或负面影响,不同的气候环境与人类的身体状况和精神状态密切相关。广义景观范畴内的气候环境,包括光照、季风、降水、湿度等要素状况,它们是乡村景观形成的载体。

2)水体要素

水是生命的源泉,是人类文明孕育的基础,是景观中的重要组成要素。乡村景观中的水体形态有河流、池塘和湖泊等类型。河流是乡村景观中最具自然性和生态性的水体形式。池塘是人们为适应自然进行滞洪补枯、防火等而形成的人造景观。湖与泊共为陆地水域,但湖指水面有芦苇等水草的水域,泊指水面无芦苇等水草的水域,它们以大地景观的形式存在。

3)地形要素

土地是乡村景观的表现载体,是落叶归根的情怀,是中国文化的归属,是充满寄托符号的生命元素,是千百年来人类生存的技术和艺术的表现舞台。不同的地形衬托出独特的乡村景观,是乡村景观的骨架。

地形地貌是乡村景观风貌的基本构成要素之一,是乡村特色地域景观的宏观面貌。按照自然形态,地形地貌可被划分为五大类型:高原、山地、丘陵、平原(图3-1)、盆地。正是由于地形地貌的不同,才形成了不同的乡村景观风貌,并且海拔的不同也会影响自然景观风貌、农业景观风貌和村庄聚落景观风貌。

图 3-1　乡村平原地貌

　　另外,乡村景观风貌中,土壤是最基本、最主要的组成要素。土壤学家波雷诺夫院士说过,土壤是一面明亮的镜子,它能够反映出景观的特性与特征。不同类型的土壤适合于不同植物的生长,对于乡村农业景观风貌和自然景观风貌而言,土壤显得尤为重要。

　　任何规模大小的景观的律动和美学特征都会受到地形地貌的直接影响。虽然乡村景观也同样受动植物、气候以及文化等其他因素的影响,但地形地貌始终是最为明显的视觉特征之一。

　　4)植被要素

　　乡村景观中最具特色的是多样化的植物景观,这里的植物景观是指村落、农田、道路、河流水系、树林等场所中植被应用的综合效果。植物具有观花、观叶、观形、观果等功能,还可利用植物为人类创造幽境、别墅、小庭院。植物群落和生物多样性是自然生态系统中至关重要的因素,合理运用乡土植物素材特性,采取与乡土场所特性相协调的种植形式,构建乡土植被群落,才能够达成多样化的乡村植被景观。乡村植物景观的规划和设计是本书重点讨论的课题。

　　5)动物要素

　　动物是风景动感的载体。孩童时代的蜻蜓、蝴蝶、青蛙,以及牛羊等家畜是人们心中的初始乡村风景,鸟类或者昆虫等动物的存在是场所环境质量优良的指标,同时也会成为给人以和谐安详感觉的景观构成要素。

**2.生产景观要素**

乡村生产型景观指的是农业生产以及与农业生产相关的服务设施景观,包括农作物种植景观、林业景观、畜牧业景观、渔业景观和服务设施景观。

1)农田要素

作为乡村景观的重要来源,农田也是乡村占地面积最大的景观。经过人类千百年来的整理,农田分割后的肌理,多姿多彩的农作物,在较大的尺度上形成可游可赏的景观空间,形成了乡村原生态的景观基底。

这种要素既包括农田作物本体的实体景观,也包括人们从事农作物生产的过程如犁地、播种、管理、收获等生产活动以及生产工具。

农田景观(图3-2)是乡村景观中独具特色的一部分。农田景观格局是人类及其环境空间分布差异的表现,是由人为干扰形成的,一般并非刻意为景观而设计,主要是以产生经济效益的作物种植为主,一般会大片栽植,形成既美观而又有震撼力的画面。

图3-2　乡村农田

此类植被种类众多,常见的有水稻、小麦、玉米、桃树、杏树、油菜、花生、向日葵等,形成"梯田稻花""风吹麦浪""油菜花田""十里桃林"等美丽的景观,展现了一些景观型经济作物,可以在乡村景观设计中加以充分利用,一举多得。

不同色相的作物,按不同地貌单元种植,可以在空间中形成一幅优美的图画,还原人们心中的乡村意象。

2）林地要素

林地包括天然林地和人工林地。天然林是自然界中群落最稳定、生态功能最完备、生物多样性最丰富的陆地生态系统，是维护国土安全最重要的生态屏障。林地景观是乡村景观环境的天然屏障，同时也是乡村景观生境多样性的重要构成要素。

3）畜牧业、渔业景观

畜牧业景观是在以放牧、圈养等方式进行生产的过程中形成的景观，渔业景观主要包括的景观元素有水塘、湖泊、渔船、水产品等物质要素和渔民的撒网、捕捞、晾晒等生产性活动。

4）服务设施景观

服务设施景观包括耕地周边的沟渠、水利设施、田间道路、晒场、码头以及休憩设施等。其中，沟渠、水利设施多是为了灌溉或引导水流而人工挖掘的充满乡土生活气息的水体形式；田间道路、晒场、码头等是许多人挥之不去的童年记忆，这些场所成了村民生产娱乐的重要场所。它们兼具功能性和景观性，是乡村景观中比较有特色的活动空间。

5）生产用具

农耕生产工具是社会生产力进步的标志，耕地的犁(图3-3)、播种的耧车、除草的铁锄、灌溉的辘轳、收获的镰刀、加工的石磨等，都是以前农村中最常见的、极具农业特色的农耕生产用具。随着科学技术的发展，传统农具日渐被高效率的现代化农用机械所取代而蜕变成了人们心中的记忆。

图3-3　耕地的犁

**3.生活景观要素**

乡村是人们世代生活的地方,正因为有了人的参与,才有了聚居地的形成。人们通过改造自然、适应自然,形成了独特的生活性景观。生活景观要素体现了乡村社会特性,是人们社会经验的体现,包括村落、建筑、集会广场、生活器具等子要素。

1)乡村聚落

乡村聚落是乡村地区人们的居住场所,其分布、形态是人类活动与自然环境相适应的产物,如呈组团状的平原村落或呈条带状的山谷村落等不同的布局形式。村落形态、布局形式构成了乡村景观特有的肌理。

2)乡土建筑

乡土建筑是乡村最具特色的符号,如陕北的窑洞(图3-4)、福建的客家土楼(图3-5)以及游牧民族的蒙古包等各地区的房屋建筑因所处自然环境的差异,以及人们的生活习俗、传统文化等方面的不同,在外观及材料上各有特色,在建造工艺上自成体系。乡土建筑造型和装饰、材料和构造等都是乡村景观重要的文化符号。

图3-4　陕北的窑洞　　　　　　图3-5　福建的客家土楼

3)乡村集市

乡村集市是人们进行商品交易的聚集地,是乡村特有的经济文化现象。一个集市就像一出戏,引领着村里的人,慢慢地进入一种情境之中。集市大街既是购物场所,也是交流场所,是经济价值和文化价值的结合。

4)乡村传统生活用具

乡村传统生活用具大多是手工制品,记录了农民的聪明才智。新年

招待客人用的马扎、打扫卫生的扫帚、蒸馒头用的箅子、盛东西的簸箕等传统生活用具随着时代的发展,已逐渐淡出人们的视野。传统生活用具是浓郁的乡土文化特色的记忆者。

### 4.文化景观要素

乡村景观是对自然与生命的探索,是包含自然和人文的文化综合体,蕴藏着人们心中浓浓的乡情和邻里之间的关爱,更是游子的精神家园。由乡村文脉、历史传承、人文关怀等子要素组成的文化景观要素,体现了乡村景观的精神特性。

乡村的历史变迁与乡村景观的发展关系紧密,乡村景观如同一本乡村断代史,记载着乡村地域发展过程。保护和发掘乡村发展历程的特色文化和风貌,是记忆和延续乡村历史、文脉的重要内容。乡村的个性延续源于对乡村景观的尊重,认识乡村的风貌和特色,提炼发掘具有鲜明特征和广泛象征意义的文化符号,是乡村景观识别和保护的第一步。

## ▶ 第二节 乡村植物景观的特点和场所类型

乡村植物景观属于乡村景观的范畴,将乡村景观中的植物要素剥离出来作为独立的分析对象,有助于更好地规划宜居的乡村人居环境。

乡村植物景观营造是建设美丽宜居乡村的重要内容,它不仅是村庄外在形象的体现,也可以展现村庄的地方特色,还能反映一个地区的经济发展水平和文明程度。乡村植物景观在改善村庄气候、美化环境、防护安全、维护生态平衡和创造经济效益等方面具有重要的作用。

乡村植物景观是在乡村地域范围内,由乡村植物与当地居民相互联系、相互作用所形成的带有本地文化特质的景观格局形式。它是乡村景观中有生命的要素,对丰富乡村景观、体现乡村文化特色具有重要的作用。

### 一 乡村植物景观的特点

乡村植物景观从字面意思上来说是乡村特定的功能场所与植物相

互融合而成的景观,既有植物本体的特点,即外在形式,也有乡村赋予特殊意义的内化表现。

### 1. 乡村植物景观的外在形式

乡村植物景观的主体是植物(图3-6),包括木本、草本、农作物等不同类型,种类繁多。我国植物资源(基因库)丰富,有花植物约25 000种,其中乔木约2 000种,灌木与草本约23 000种,传播于世界各地。植物是自然景观中绿色生命的要素,与人类生活关系极为密切。

图3-6　乡村自然树林

1)植物的生命性

植物区别于其他要素,最大的特点就是其自身具有生命力,能生长。植物的其他特性都来源于此。

2)植物的季相性

植物随着季节的不同和生长的快慢变化而不断变化,这些变化体现在植物的色彩、质地、叶丛的疏密程度等全部特征上。植物是具有生命的设计要素,季相性就是最直观的体现。

3)植物的适应性

植物的生长受到土壤的肥力、土壤的排水、光照、风力、气候、温度等自然条件影响,因此需要一系列特定的环境条件供植物生存并健康、苗壮地生长,这是植物第二个明显的特点。

4)植物的多样性

植物在适应地球环境的过程中,不停地适应各种环境因子,被筛选、

适应、淘汰、进化、杂交、突变,形成丰富多样的植被。

5)植物的群落性

植被对气候具有直接影响,众多的植物种群形成了植物群落。植物群落包含的植物种类越多,面积越大,就越稳定,对于自然灾害和人为破坏的自我修复和恢复能力就越强。大的植物群落能够承载的动物、微生物的种群、数量更多。植物群落的数量直接影响气候。

## 2.乡村植物景观的内化表现

植物作为客观存在的对象,本身没有景观意义,但是与人类活动的具体场所结合,就形成了特定的在地性景观。有了人类的参与,景观就有了意义。如与村落结合,就形成了村落植物景观和房前屋后的田园景观,那么与村落相关的地脉和人脉的内核就赋予了植物,于是乡村植物景观就具备了乡村特定场所的意象性和文化性。

1)乡村植物景观的地域性

常言道:"一方水土养一方人。"不同地区、民族,由于生活习俗不同,对植物景观中植物的运用也各有看法。每一块土地都有自己独特的魅力,每一种地形都有自己特有的信息,每一种土地都可以带给我们不同的感觉。

如何解读乡村植物景观的地域性,寻找出乡村植物景观的灵魂呢?首先要学会阅读大自然的景观,理解其地质结构的宏伟和秀美,茂密的森林(图3-7)、美丽的农田、清澈的溪流和若隐若现的乡村建筑,都是构

图3-7 炊烟、森林与溪流

成乡村景观不可缺少的元素。要让这些元素跟乡村结合在一起,建立自然的水循环系统和生态系统,懂得水陆系统的相互依存关系及功能,在每一种形式和特征中察觉大自然创造过程的独特表现。

其次是抓住乡村景观的灵魂——文化和历史脉络。乡村景观不仅仅是单纯的景观,更是一种文化、一种对历史的见证。它是乡愁的载体,是游子的心灵归宿。

作为乡村景观中的生命形式,植物景观起到了见证和传承的作用,它们用生命见证了乡村在时间和空间上的变迁。在时间上,如甘肃天水千年古玉兰、山西千年紫藤树(图3-8)、安徽1 400年凤凰松(图3-9)、山东莒县浮来4 000年银杏(图3-10)、陕西黄帝陵2 400年轩辕柏(图3-11)

图3-8　山西千年紫藤树

图3-9　安徽1 400年凤凰松

图3-10　山东莒县浮来4 000年银杏

图3-11　陕西黄帝陵2 400年轩辕柏

等,它们经历过人们难以想象的艰难困苦,见证了世事变迁,却依然屹立至今。在空间上,植物以点、线、面的形式分布,在大自然中纵横交错,形成了当地乡村的肌理,与自然地形组成了最稳定、最舒适的形态,是长期与当地大自然磨合的结果。

每一块土地都有自己的特征和独特的土壤结构,正确解读土地,利用那些原始的地形和风景去丰富乡村景观,补足地质和地貌的特点,这样营造出来的乡村景观才是最独特和有故事的,这样规划出的植物景观也是最具有当地符号性的。

2)乡村植物景观的意象性

"意象"一词是中国古代文论中的一个重要概念,通常指自然意象,即取自大自然的借以寄托情思的物象。如"野火烧不尽,春风吹又生""秋风吹不尽,落叶满长安",这些句子中的意象,都是自然意象。有时诗歌中所咏叹的社会事物、所刻画的人物形象、所描绘的生活场景、所铺陈的社会生活情节和史实,也是用来寄托情思的。

远古先民不仅对植物的生命力比较崇拜,还对植物较为旺盛的生殖能力有着不一样的见解。他们认为花朵盛开、结出果实象征着女性繁殖能力,花朵代表着植物的生殖器官,而果实代表植物成熟度。如"椒聊之实,蕃衍盈升",这里提到的椒,象征着"多子"(图3-12)。用花椒多子象征着人开枝散叶,希望后人能够具有较强的繁殖能力,隐喻子孙越来越多,家族更加繁盛。

古人有时将植物意象与人物形象等融为一个整体,让人们更好地了解到当时人们的婚恋观、家庭习俗、社会文化等。人们在表达自身美好愿望时,都会借助某种植物来传达情感。如"兰"即"兰草",兰草有一种清淡久远的幽香之感,还具有祝福的功能(图3-13),即佩戴兰的人,大多都是受到天降吉祥庇护之人,使得兰草也具有了一种神性。

也有运用植物意象表达社会生活的现象,这些植物是远古先民生活、生产的主要构成。因此,这些植物意象被赋予了更多的功能,如实用,这让人们更好地了解到当时人们的民俗或者民情、生活场景等。这也是植物意象中除上述文化内涵以外,最为接地气的一种。

我国自古以农业为主,形成了较为独特的农耕文明。农耕社会的食

图3-12　花椒象征多子

图3-13　兰草象征美好祝福

物来源以种植和采集为主,因此,农耕文化主要是在耕作时和播种后所形成的。同时,人们的生活依赖大自然,他们对于自然的馈赠本身有着一种感激之情,娴静的心态与对大自然的热爱等碰撞到一起,便使得他们在与自然共处时能够更加和谐。在自然实践中我们可以看到,只要人们不去破坏树木,树木长得就会比较茂盛,果实结得也就比较大。人们用善意的行为对待自然,自然也会馈赠给人类丰厚的礼物。

　　植物是人们生存处境的见证,植物同样有生命的语言,它们以自己的方式生活在自然中。只有充分认识到植物在表达乡村历史文脉方面的种种优势,注意到植物的透明性或浑浊性,把握了人类与植物互相作用等关系,才能有效地利用这种关系,凸现出乡村景观的独特性和文化传承价值。

　　3)乡村植物景观的意境性

　　古人倡导寓善于美,反对以感官享受衡量美丑,而以内涵特性作为审美标准,把朴素自然作为崇高追求的审美意识,这是中华民族特有的古典审美观。受其影响,中国古人对于植物不仅仅停留在观赏和认识色彩姿态等外观上,而是更注重植物的意境美,这就促进了某些富有文化内涵的植物在造园活动中的广泛应用。"梅令人高,兰令人幽,菊令人野,莲令人淡,松令人逸,柳令人感",把植物的人文意趣表现得淋漓尽致。又如竹,因有"未曾出土先有节,纵凌云处也虚心"的品格,被喻为有气节的君子。

　　由植物特性上升到意境美。运用植物的特征、姿态、色彩给人的不

同感受而产生的比拟、联想,作为某种情感的凭托或表达某一意境。各种植物由于生长环境和抗御外界环境变化的能力不同,在人们的观念中留下了各自不同的性格特征。如松刚强、高洁,梅坚挺、孤高,竹刚直、清高,菊傲雪凌霜,兰超尘绝俗,荷清白无染。

从形式美升华到意境美。人们在相互交往中,常用花木来表达感情。这种美感多由文化传统逐渐形成。自古以来,咏草颂花的诗词歌赋,以植物为题材的各类作品数不胜数。不同的植物,被赋予不同的情感含义。

如明代王世贞对弇山园中植物景观的记述:"名之曰弇山……其阳旷朗为平台,可以收全月,左右各植玉兰五株,花时交映如雪山、琼岛,采而入煎,嗷之芳脆激齿。堂之北,海棠、棠梨各二株,大可两拱余,繁卉妖艳,种种献媚。……每春时,坐二种棠树下,不酒而醉,长夏醉而临池,不茗而醒。"文章并未记载豪华的厅堂轩榭,只是写了平台左右配置的10株玉兰和堂北的4株海棠、棠梨而已。这样简洁的景色居然能让人"不酒而醉""不茗而醒",正反映了景观中的生气和灵魂,这便是造园者的文气。

采用诗格与"比德"兼备的配置形式。诗画相依,诗情并茂,诗与"比德"融合一体,有必然的联系。园林中这种互相结合而反映在景观上的也很多,如拙政园远香堂,根据荷花的"比德"属性,命名该主建筑为远香堂。这里虽以荷花之清高为首选,但咏荷之诗又何止百千,所以两者是互通与兼备的。再如得真亭,在拙政园中部,一方亭面北,前有隙地种植桧柏四株,此四株桧柏便成此亭之主景。园主以此寄寓心志,用柏树经霜不凋的坚强性格以自勉。采用植物的"比德"属性而作为配置中的意,是与园主的修养有关的。

按画理取裁植物景观。中国传统的山水画的创作方法丰富了造园艺术,丰富了植物配置的艺术。中国古代画论对四时山景论述尤为精妙,宋代韩拙《山水画全集·论林木》载:"木有四时,春英夏荫,秋毛冬骨。"宋代郭熙在《林泉高致·山水训》中又做了更为精深的描写:"春山澹冶而如笑,夏山苍翠而如滴,秋山明净而如妆,冬山惨淡而如睡。"这又可在扬州四季假山的植物布置上找到范例。而"岁寒三友""竹石图"等,则是中国园林中常用的"画题"式植物配置方式。

受科学水平的限制和传统文化的影响,中国古人在造园的同时,更图祥瑞、谋吉利,因为植物极富文化内涵,又有良好的观赏功能,所以常在配置植物时寻找植物的某些特点,应用于园林。第一,选用有吉祥内涵的植物。如合欢(图3-14)之消怒,萱草之忘忧,故常在居室、书房门前栽植。紫荆(图3-15)是兄弟和睦的象征,多子女之家必栽。栽植石榴,可求多子多福,故在民间广为流传。第二,取名字的谐音和解字栽种植物。如"玉堂富贵"的配置,是求一家的富贵荣华;"前榉后朴"的种植,意为"前门种榉,祝愿子孙读书能中举;后门植朴,希望以后有仆人伺候"。

图3-14 合欢

图3-15 紫荆

## 二 乡村植物景观的场所类型

探讨乡村植物景观,就要彻底搞清楚人类的活动轨迹,研究由于人的轨迹而形成的乡村场所类型。乡村植物景观与乡村景观犹如衣服与身体的关系,具有美观和调节温度的作用,植物在活动场所中也具有调节气候的生态功能和美化环境的美学功能,还有因场所的历史文化而体现出来的人文功能。因此将植物与乡村不同场所结合起来,进行乡村植物景观的探索就更具有逻辑与脉络了。

### 1.乡村村落植物景观

村落,为由众多居住房屋构成的集合或人口集中分布的区域。"村

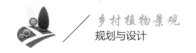

落"和"聚落"常混合使用来表示同一概念,村落,指大的聚落或多个聚落形成的群体,包括自然村落(自然村)、村庄区域。乡村村落植物景观包括村落入口、房前屋后园地、村落绿化环境等。

村落范围内的平原林网、山区梯田、桑基鱼塘、混交林带等景观及其季相特征都突出反映了乡村自然景观的奇特、丰富与趣味,给予乡村景观参与者良好的审美享受和情感共鸣。

乡村村落植物与当地居民相互联系、相互作用所形成的带有本地文化特质的景观格局形式,是乡村景观中有生命的要素,对丰富乡村景观、体现乡村文化特色具有重要的作用。

### 2.乡村农田景观

乡村农田景观是耕地、林地、草地、水域、树篱、道路等的镶嵌体集合,表现为有机物种生存于其中的各类碎化栖地的空间网格。

农田作为乡村生态系统的基质,影响着整个系统的平衡,并对粮食安全起着重要作用。在不影响农业生产、不破坏整体景观格局的情况下,可以因地制宜地设置区别于主要农田斑块的小型农业斑块,从而增加农田的多样性,提升景观效果,如棉花邻作大豆或花生的复合景观可较好地控制棉铃虫的危害。只有坚持发展和保护农田景观,才能维护农田景观安全格局,保持乡村景观特色,实现人与环境的和谐。也可在适当季节改变域内传统粮食作物种植品种,改为观赏性较高的作物大面积种植。如江西婺源的油菜花种植,不仅提高了农田的观赏性,还提高了经济效益,达到观赏性与生产性的统一。

另外,应注重农田轮廓的处理,在农田与居住区、农田与道路之间的田缘线合理种植植物,避免它们之间生硬地交接在一起。通过综合处理地形、种植植被,增加农田田冠线的韵律和视觉效果上的层次感。

### 3.乡村道路植物景观

乡村道路,尤其是硬质道路,对生态环境具有负面影响。景观道路廊道的增加是造成景观破碎化、生境损失的原因之一,也是形成干扰与隔离效应的动因和前提。

首先,为减小道路对整个生态的消极影响,乡村景观生态道路的建设主要考虑道路建设与周围环境的协调发展。

其次,美丽乡村道路生态景观设计应该符合地域特征,充分利用乡土植物;设计要充分体现出乡村的独特风情,营造生态环保型的景观道路;道路绿化建设工作应先保护后绿化。具体做法如下:

(1)保护地标树和乡土林。

(2)绿化上应乔木、灌木、草皮结合,注意植物的合理搭配,维护物种多样性。

(3)有利于车辆安全通行,构建开阔化的多样特色空间。

(4)生态路面的设计重点在于路面结构层的透水性和透气性,根据道路等级、车流量,合理确定道路硬化方法。

(5)避免田间道路没有硬化或过多地硬化,走向两极化。

**4.乡村河流水系植物景观**

乡村河流水系(图3-16)泊岸植物配置是河道景观和生态修复的重要组成部分,合理的植被配置能有效地控制水土流失,维护物种多样性,改善气候,净化空气;河道植物的姿形、优美的线条、多样化的组合方式,可创造优美的景观环境,为乡村提供独特意象。

图3-16　河流水系

规划设计应贯彻自然生态优先的原则,以乡土植物为主,保护河溪及两侧生物多样性,尽量采用滨水区自然植物群落的生长结构,增加植物的多样性,建立多层次、多样复杂的植物群落,发挥植物的生态效益,

提高自我维护、更新和发展的能力。

1)依形就势,遵循自然

尊重原有自然河道,尽量减少人为改造,以保持天然河岸蜿蜒柔顺的岸线特点,保持河道形状和形态的自由性,保持水的循环性和自动调节功能。

2)研究分析,确定目标

在满足河道、堤防安全要求的前提下,研究分析河道特性、水温条件、河滩结构和绿化功能的需要,确定河流宽度、横面设计、缓冲带建设和绿化植物配置方式等。

3)保持原有生态系统的结构和功能

河溪护岸要尽量保持原有生态系统的结构和功能,特别是做好对河岸带原有植被廊道的保护,并根据情况进行适当的修复和整治。

4)生态优先设计

在水流比较急、河岸侵蚀较强烈的地区可采用石头、混凝土护岸,将工程和生物技术相结合,综合提升河道生态景观服务功能。在植被选择上,尽量选择乡土植物,特别是具有柔性茎、深根可固定河岸的植物,还可以加固土壤。

尊重地域历史和文化发展的过程,结合当地文化传统、风土人情,构建滨水区的特色地域景观,提高景观的历史与地方文化的内涵,使滨水地带成为自然与文化、历史与现代的和谐共生空间。

**5. 乡村树林景观**

乡村树林景观突出的是乡土性与生态性,从安全性看,具有体验性和亲和感;从生态角度看,多种生物与自然和谐共生;从社会文化角度看,与周边环境相协调;从精神角度看,使人们感受到乡土性,记得住乡愁。

主要的树林植物景观有农田防护林(图3-17)、山地和丘陵水土保持林、田埂地带、绿色开放空间等。规划设计时首选乡土树种和管理粗放、价廉质优的植物,如可选用春有花、夏有荫、秋有果的果树和经济林树种。果木栽培既是经济利益的驱动,也是对农耕文化的怀念。选用当地经济物种代替观赏乔灌,也可大大节省苗木成本。庭院种植与庭院经济相结合,在充分考虑民居庭院的经济效益的前提下,增强庭院景观的生态效益和可观赏性。

图 3-17　农田防护林

# 第四章 ▶ 乡村植物景观营造的原则

乡村植物景观是毫无人工修饰的一种自由生长群落,是自然、野趣、田园式的景观。乡村植物景观营造是建设美丽乡村的重要内容,它不仅是村庄外在形象的体现,也可以展现村庄的地方文化特色,体现乡村的风土习俗,还反映乡村的经济发展水平和文明程度。乡村植物景观在维护生态平衡、创造经济效益、美化环境等方面具有重要的作用。所以,在乡村植物景观营造时要遵循生态性、经济性、乡土性、文化性、特色性、艺术性等原则。

## ▶ 第一节 生态性原则

良好的生态环境是乡村的最大优势和宝贵财富,生态振兴是美丽乡村建设的重要支撑。在乡村植物景观营造时要遵循生态性原则,以"生态、和谐、宜居"为目标,打造整洁优美、生态和谐的乡村植物景观。

乡村植物景观的生态性原则要求乡村植物景观的营造充分考虑乡村的生态气候,把握植物对气候的适应性,充分尊重乡村的原始地形地貌,保护场地完整性,也要考虑物种多样性,因地制宜,丰富植物群落层次。尊重自然,保护环境,尽可能对生态环境产生小的影响,从而达到人与自然和谐相处的目的,实现乡村植物景观的可持续发展。

### 一 从气候环境体现生态性原则

植物具有季相变化,在不同的气候条件下生长状况不同,所以要根据不同的季节、不同的气候进行乡村植物配置,要根据当地的光照、温度、降水量等条件选择合适的植物进行种植,同时也要根据植物适合的土壤、肥料等情况进行种植,这样不仅能够有效把控乡村植物的生态性,还能够提高乡村植物的存活率。在乡村植物景观的营造中,所选用的植物应当适应当地的光照、温度、降水量、土壤、肥料等气候环境因素。

从霜害、冻害的角度看,常青树比落叶树受降雪的危害更严重。从抗旱性来看,应选择抗旱性高的树种,如杉(图4-1)、杨、柳。在抗风沙方面,大风天气时,枯枝常被风吹断,甚至伤人。因此,在乡村植物景观营造中必须特别考虑这一点。一些高大的树种要远离人流量大的区域,道路两侧要防止风灾以保护人身安全,应选择树冠硬、材质强、根系强、根系深的树种,如马尾松(图4-2)、杜松、核桃、白榆等,可中度密植以增加抗风性。

图4-1 杉树林

图4-2 马尾松林

## (二) 从地形地貌体现生态性原则

地形地貌是影响乡村植物景观的基本构成要素之一,是乡村植物景

观营造的宏观面貌。正是由于乡村地形地貌的不同,才形成了不同的乡村植物景观风貌。地形地貌主要从完善、修复乡村植物生态平衡等方面来体现乡村植物景观营造的生态性原则。

对于凸地形乡村来说,各种坡度的地形各式各样,植物景观的配置也各不相同,可以建立一个山脉廊道来维持乡村植物景观的生态性。相依相连的山脉廊道不但有利于起到防护的作用,防止土壤在雨水的冲刷中大面积流失,而且有利于植物的生长,提高植物多样性,维持乡村植物景观的生态性。

对于凹地形与平坦乡村而言,在乡村植物景观营造时,考虑到村民的视线以及感受的影响,需要种植大乔木、灌木形成围合空间。在以大面积平坦地形为主的草坪区域,植物的种植一般选取孤植观赏的大乔木作为景观焦点,而边界则通过灌木进行分割,小乔木和灌木的搭配可以进一步完善和增强大乔木形成结构和空间特性。

此外,乡村中道路、河流的边坡可以种植藤本类植物,进行绿化覆盖,用来美化风景,维持植物景观生态性。

### (三) 从物种多样性体现生态性原则

乡村是栽培物种、驯化物种集中的地方,同时其动植物多样性也非常丰富。这些物种构成了优美的乡村生态,没有这些物种,乡村将失去生机。在乡村中,动物与植物之间存在竞争和合作共生的关系,竞争会破坏乡村生态平衡,合作共生可以促进乡村生态平衡发展,所以在进行乡村植物景观的营造时,要考虑植物与动物之间的关系,也要考虑将植物速生品种和慢生品种相结合,合理选配植物种类,防止种间竞争,建立结构合理、功能良好、种群稳定的植物群落结构。

依据植物多样性原则,在乡村植物景观营造时,要避免千篇一律,创建多层次的植物景观,结合乔木、灌木、草本、藤等类型,充分利用枝、茎、叶、花、果等植物特性,营造多层次、近自然的乡村植物景观,体现乡村植物景观生态性原则(图4-3)。

图4-3 乔、灌、草多层次乡村景观

　　如浙江省乐清市北白象镇前西岑村的美丽乡村改造(图4-4),前西岑村生态环境良好,与周围的地形地貌、植物群落等相映成趣。在乡村植物景观的建设上,该村结合生态性原则,保留了原有的河道、农田、植物等,重塑一个原生的、自然的"河+田+民宿"的乡村景观,充分遵循了乡村植物景观的生态性原则。

(a)村貌一　　　　　　　　　　　　　　(b)村貌二

图4-4 前西岑村

## ▶ 第二节　经济性原则(产业)

　　经济性原则就是要使每一个植物景观能够得到最大限度利用,且后期养护管理的成本不高,做到产景融合,此外还可以给乡村带来额外的收益。

建设乡村植物景观时要尊重乡村自然风光，以低养护管理的经济性原则为基本考量，结合乡村周围的经济林或农作物，以抗性强、病虫害少的植物种类为主体，以稳定的植物群落配植结构为基础，如可选用春有花、夏有荫、秋有果的果树和经济林，也可用适应性强、花期长、管理简便的多年生宿根花卉。在植物材料的选择上，宜优先选择果树、观赏蔬菜等经济价值较高的乡土植物，既是经济利益的驱动，也是美丽乡村精神面貌的体现，创造田野自然风光，构建出点线面和谐共生的乡村自然景观。

## 一 养护管理

在乡村植物景观的营造中，首选养护管理成本低的乡土植物。因为植物的季相变化和物种的多样性，以及植物的生态习性和生命周期的变化规律，需要对植物进行修剪、灌溉(图4-5)与排水、施肥(图4-6)、冬灌、涂白、清理、病虫害防治等养护管理。在非生产用地的植物选择上，如果选择外来树种，后期需要对外来树种进行修剪、防护病虫害等，不仅后期人工养护管理成本较高，前期买树的成本也高。如果选用当地的乡土植物，就能够很好地适应当地乡村的光照、温度、土壤等自然条件，经过自然选择和生物演替，模拟形成稳定生物群落，从而更好地融入当地的自然生态系统。因此在后期不需要消耗过多人力、物力进行养护管理，直接降低了乡村植物景观营造的成本。

图4-5　灌溉

图4-6　施肥

## 二 产景融合

美丽乡村植物景观的营造也要与当地经济发展相结合，在美化乡村容貌的同时做到"一产一景一村",带动当地的产业发展,提高经济水平。

有些植物自身具有相对较高的经济价值,在乡村的生产用地中可以结合当地气候特色进行种植,如选择果树、观赏蔬菜等经济价值较高的乡土植物。比如南方乡村适宜种植水稻、荷等植物,北方乡村适宜种植小麦、玉米等植物。在乡村植物景观营造时,结合乡村的山水、田林、果地、河流等自然资源,不仅能反映乡村的特色,而且能够供人们观光、旅游,带动乡村其他产业的发展,从而做到产景融合。

如安徽省宣城市泾县铜山村美丽乡村的建设,以"美丽乡村"为依托,以"特色种植"为引领,在乡村植物景观的建设上,结合经济性原则,选用了原有的茶叶、青檀、杉木、毛竹以及香榧等乡土植物,进行乡村植物景观营造,进而形成稳定的植物群落,后期养护管理较为方便,经济成本较低,在视觉上带给人们观赏性的同时,也促进了乡村旅游发展。

## ▶ 第三节 乡土性原则

乡土性意味着鲜明的地域特色。选择适应性强和养护成本低的乡土植物来塑造人居环境,可以使人感受熟悉而持久的地方风貌,引起人们对过去的怀念,从而增强对故土的热爱。优先选择乡土植物品种,既利于花木顺利成活、良好生长,也可延续乡村现有风貌,展现乡村的地域特色,凸显乡村民俗特色、乡土气息。

乡村植物景观营造的乡土性,意味着不同地域植物群落的乡土性和不同空间植物种类的乡土性。

### 一 不同地域植物群落的乡土性

不同地域的植物群落所展现的乡村植物景观不同,体现的乡土性也各不相同。在植物配置方面,应以该地区地带性植物群落结构为基础。

浙江省湖州市安吉县山川乡马甲弄村(图4-7)在乡村植物景观营造中,植物常以"乔木+灌木+草本"的形式种植,乔木层多种植水竹、毛竹等,灌木层多种植水竹、茶、山胡椒等,充分利用当地富有的竹资源,映照

(a)村貌一                              (b)村貌二

图4-7 马甲弄村

了"山际见来烟,竹中窥落日"的乡土性。

甘肃省武威市凉州区民勤村(图4-8)在乡村植物景观营造中,以杨柳科树种和松柏属树种为骨干树种,点缀连翘、紫叶李等花灌木。在庭院、农田等绿地中,绿化植物以榆科树种、豆科树种、杨柳科树种等为基调树种,搭配色彩丰富的观花、观叶和观果花灌木和花卉。采用乔木和灌木搭配,花灌木与花卉结合,地被植物作点缀的方式,附加田园中的农作物,既保证植物景观的地域性,又具有植物色彩变化,营造多层次的乡村田园景观,突出平川和沙漠的气候植物景观特色,映照了"出门有园子,走路闻花香"的乡土性。

(a)村貌一                              (b)村貌二

图4-8 民勤村

植物是在自然界长期的优胜劣汰的过程中生存下来的,对其生长地区的气候、自然环境等具有较强的适宜性。虽然引进的外来植物可以很好地适应当地引进时的气候条件等一系列因素,但是一旦遇到不可逆的自然灾害,如某年气候差异较大时,便有可能出现大面积死亡。如木棉,适宜温暖湿润的气候,大多分布在中国南部,惧怕北方的烈日暴晒,这种植物就无法移栽到北方。

## 二 不同空间植物种类的乡土性

在乡村的入口空间及公共空间的关键节点进行乡村植物景观营造时,应充分利用乡土植物,维持乡土气息,可以用果蔬代替乡村绿化,用田园代替乡村公园。

### 1.公共活动空间

古木名树是乡村景观的基石,因此在乡村植物景观营造时,大部分乡村的村口或公共空间均会有古木名树,比如香樟(图4-9)、榕树等植物。结合乡村文化进行植物搭配,多体现乡村的乡土性,可以丰富乡村公共空间的文化内涵。

### 2.道路景观

乡村道路植物景观以简单的乡村行道树(图4-10)为主,而村庄内道路需要增加道路两侧植物的观赏性,可乔灌结合,常绿树与落叶树结合,观形和观花、观叶、观果植物结合,避免单调,提升村庄道侧的整体观赏效果,给人们带来视觉上美的享受。

图4-9　古香樟树

图4-10　乡村行道树

### 3.房前屋后

在乡村植物景观营造中,素有"前不栽桑(图4-11),后不栽柳(图4-12)""房前不栽树,屋后不栽花"的说法。如果在房前栽树,容易遮挡阳光,造成屋内潮湿寒冷。屋后不栽花是一个道理,阳光照不到屋后,栽花也难以成活。

图4-11　前不栽桑

图4-12　后不栽柳

房前可以种植石榴,石榴树不属于乔木,不会长得很粗很高,即便长高了也可以修剪,以保持适当的高度。石榴花色是鲜艳的中国红,象征家庭红红火火。石榴多籽,寓意家庭多子多福!

## ▶ 第四节　文化性原则

不同地区的村庄有各自的特色,在乡村植物景观营造时,应结合当地村庄地域特色,发挥植物景观优势,考虑村庄的人文历史内涵、乡土人情等因素,植入具有地方文化特色的植物景观元素,打造"一村一品、一村一景、一村一韵"的美丽乡村。

### 一　文化创造意境美

植物是具有生命的,也是具有鲜活的特色的,在乡村植物景观营造中,植物往往被人们作为传递信息的载体和表达情感的媒介。人们把情感寄托在植物上,使植物具有人的情操,如在文人墨士的故居种植梅花、菊花、兰花、竹子等植物,在烈士故居可以种植松柏类植物,突出植物内在含义,借植物来表达文化意境美。植物中的四君子是最能体现中国植物文化的植物,以梅、兰、竹、菊谓四君子。

梅花,四君子之首,外形美丽绝俗,枝条直上或斜生,具有桀骜不屈的精神品质,也是孤傲、友情的象征,通常在寒冬腊月开放,因此也有不畏艰险、百折不屈、奋勇前进的寓意。兰花,叶片四季常绿,叶形修长纤细,花清香淡雅、婀娜多姿,具有极高的观赏性,具有无私奉献、淡泊名利的意义,是谦谦君子的象征。竹子,外观枝干挺拔,象征着刚直、谦逊、不亢不卑、高风亮节,代表着永远不屈服的骨气和谦逊的胸怀。菊花,单叶互生,卵圆至长圆形,花色较多,不畏严寒,在百花衰败的季节开放,象征着孤傲冰清、坚韧不拔的气节,刚正不屈的精神,此外它还象征着高寿和吉祥。

植物都具有很好的文化内涵,是优良的乡村绿化树种。在乡村植物景观营造时,可种植不同植物以体现不同的文化。

## 二 历史风俗(人文习惯、名人传说)

不同乡村有着不同的风俗习惯,在乡村植物景观营造时种植的植物也各不相同,因此,要根据乡村的人文习惯、名人传说等来体现当地文化。

俗话说"前榕后竹"(图4-13与图4-14),所以在广东潮汕村屋的前面种的植物是榕树,后面种的是竹子。在潮汕人的传统观念里,竹子不仅可以防寒,而且能驱除邪气、逢凶化吉。榕树,潮汕人习惯称之为"成树","前榕"寓有"前途光明,有所成就"之意;"竹"谐音"足","后竹"也即"后能富足"。这些都寄托了潮汕人的美好愿望,体现了当地的人文习俗。在江苏省南京市江宁区谷里街道大塘金村,村口公共休闲场地中有两棵年代较久的大意杨树,树干通直,姿态优美,枝繁叶茂,临近水库湖面,背倚民宅聚落。远望整体,大意杨树成为村落景观形象的视觉焦点

图4-13　前榕

图4-14　后竹

和记忆符号,寓意与聚落共生繁荣。

又如湖南省长沙市开慧村的植物景观营造。开慧村是杨开慧烈士的故乡,开慧村乡村植物景观营造紧紧围绕"传承红色基因、建好烈士家乡、弘扬开慧精神、率先振兴乡村"的理念,种植松柏类植物,尤其是开慧故居的四周有大量的松柏类植物围绕(图4-15)。松柏类植物象征革命烈士不怕困难、坚强不屈的品格。

图4-15　开慧村松柏类植物

## ▶ 第五节　特色性原则

在乡村植物景观营造中,应该对乡村的不同植物景观空间进行特色分类。从微观来说,村庄入口空间、公共空间等重要节点要构成村庄植物景观"点"的特色;从中观来说,道路植物景观要体现村庄植物景观"线"的特色;从宏观来说,生产性植物景观和生态性植物景观要构成村庄"面"的特色。乡村"点、线、面"植物景观构成了乡村生态环境的斑块、廊道和基质,影响着乡村的景观生态安全格局。对村庄的既有植物景观特色的提升,关键是处理好村庄植物的"点、线、面"之间的关系及发挥好"点、线、面"各自植物景观特色的作用。

### 一　乡村"点"的植物景观特色

乡村"点"的植物景观主要位于乡村的出入口节点、公共活动广场等处(图4-16)。植物景观营造前应充分调查当地植被特色及村民在植物方面的种植喜好,将植物的实用、生态、美观、文化四方面统一。在进行"点"的选址时,应充分发挥乡村既有的植物景观优势,形成特色,节约投入成本,最快形成特色植物景观效果。

图4-16　乡村"点"的植物景观

　　村口是出入村落的主要入口,是乡村展示给人们的第一印象,也是乡村对外交通的主要起点,是村落的文化标识,有着浓厚的人文情怀。因此,乡村植物景观的营造,要在了解村口形成的历史文化因素的基础上,结合村口的功能及文化遗存,突出村落地域文化特色,充分展示村落历史和文化。村口植物的选择,以乡土植物、古木名树为基础,选择生命旺盛、树形优美、有地域文化属性的植物,以体现乡村的特色文化精神,尽可能形成特色意蕴,展现人地关系的和谐美妙。对于乡村古树名木,应采取设置围护栏或砌石等方法进行保护,并设标志牌。

## 二　乡村"线"的植物景观特色

　　乡村"线"的植物景观包括道路植物景观和河流植物景观两部分。乡村道路植物景观应根据乡村的定位和主题特色进行营造,行道树应选择冠大荫浓的乡土树种,旅游型乡村应采用观赏价值高的果木或花木。

　　比如,乡村主道路两边的行道树可以种植银杏,形成一条银杏街(图4-17),以此来体现乡村特色。乡村村内的次道路,在道路边通常有自然生长的野花野草,充满了乡村自然野趣。乡村的河流植物景观应以自然驳岸为主,保持现有水系植物及沿岸植物景观,选择水生植物,如水葫

芦、菖蒲、风车草、芦苇等（图4-18）。这既能体现乡村绿水青山的特色性，又能保护乡村生态环境。

图4-17　道路边银杏林

图4-18　道路边芦苇

### 三 乡村"面"的植物景观特色

乡村"面"的植物景观大多由乡村的生产性植物景观和生态性植物景观所构成。在乡村振兴的背景下，乡村正在谋求新的发展方向，种植优特农产品形成主导产业，从而打造"一村一景一品"。

生产性植物应结合政府政策引导，根据乡村的气候特征和土壤条件进行选择，避免盲目跟风。在乡村植物景观营造中，生产性用地可以结合当地生态环境、地形地貌等种植茶、油菜（图4-19）、向日葵（图4-20）等植物，既能体现乡村"面"的植物景观特色，又能给乡村带来特色经济发展。

图4-19　油菜

图4-20　向日葵

比如安徽省桐城市黄甲镇葛湾村，在乡村振兴的背景下，根据乡村的气候特征和土壤条件种植茶。葛湾村聚焦"一村一景一品"，突出特色产业，延伸茶叶产业链，提升价值链，打造"桐城小花"茶叶（图4-21）、木耳（图4-22）、高山蔬菜、中药材等一批品牌农特产品，实现规模效应、品牌效应、生态效应同步提升。

图4-21 "桐城小花"采摘

图4-22 木耳种植基地一角

## ▶ 第六节 艺术性原则

为了乡村植物景观能够更加丰富与持续发展,在植物品种选择与配置上需坚持艺术性原则。以乡土植物为主基调,适当引入一定比例的外来树种,体现景观的丰富性,保证随着季节的变化,植物景观也可以展现出不同的美,从而促进乡村植物景观的艺术性、多样性和可持续发展,实现人与自然和谐共处,建设宜居、美丽、生态的乡村。

遵循色彩和质感、韵律和节奏等美学原则,合理配置,充分展示植物的季相和周期变化,构建出自然、朴实的乡村景观。

### 一 色彩美

乡村植物的色彩美最主要体现在植物的花色和叶色上,绝大多数植物的叶片是绿色的,但植物叶片的绿色在色度上深浅不同,在色调上也有明暗、偏色之异。这种色度和色调的差异随着一年四季的变化而不同,所以乡村植物景观的营造主要以色叶树来表现植物的色彩美。

如垂柳[图4-23(a)]在刚发芽时叶子是黄绿色的,后逐渐变为淡绿,夏秋季为浓绿。春季银杏[图4-23(b)]和乌桕[图4-23(c)]的叶子为绿色,到了秋季则银杏叶为黄色,乌桕叶为红色。鸡爪槭[图4-23(d)]的叶子在春天先红后绿,到秋季又变成红色。这些色叶树随季节的不同,变

换复杂的色彩。在乡村植物景观营造中,应该运用色叶树的色彩稳定规律,科学地进行植物配植来体现植物色彩美。

(a)垂柳          (b)银杏          (c)乌桕          (d)鸡爪槭

图4-23　不同颜色的乡村植物

## 二 韵律美

乡村植物景观的韵律美,可以带给人视觉上的美感,在立体空间层次上充分融入乡村植物,做到高低搭配有起有伏,在平面上做到有疏有密、有远有近,在变化中寻求并体现植物的韵律美。

在乡村植物景观营造中,把握不同的叶色、花色,用不同高度的植物来搭配,能使色彩和层次更加丰富,进一步突出植物韵律的效果(图4-24)。如1米高的黄杨球、3米高的红叶李、5米高的桧柏和10米高的枫树,分层进行配置,就可以体现不同层次、不同色彩的变化,由低到高四层排列,构成绿、红、黄等多层植物的韵律美。

(a)搭配效果一          (b)搭配效果二

图4-24　花色植物搭配

**第五章**　乡村植物景观规划
与设计策略

▶ **第一节　以乡土树种为主,营造稳定的
植物群落景观**

我国自然环境复杂多样,植物种类丰富多彩。在自然界,任何植物物种都不是单独生存的。这些生长在一起的植物物种,占据了一定的空间和面积,按照自己的规律生长发育、演变更新,并同环境发生相互作用,称为植物群落。环境越优越,群落中植物种类就越多,群落结构也越复杂。随着乡土景观营造活动的兴起,模拟自然植物群落的生态植物景观营造也逐渐开始引起人们的重视。稳定的植物群落,病虫害较少,可以降低养护成本;具有复层结构的植物配植,可以有效地提高物种多样性;富有地方特色的群落结构,可以从植被的角度展现当地景观特色。

**一　调查研究**

根据对各地美丽乡村绿化建设调查可知,在主要节点处,都以乡土植物为主,突出各地区地域植物景观风格。比如,以广玉兰、柏树、松树等为基调树种(图5-1),四季常绿;以枇杷、栾树、柳树、银杏、樱花、紫薇等乡土树种为骨干树种(图5-2)。植物搭配采取常绿与落叶搭配、速生与慢生结合,既保证了植物景观的稳定性和地域性,又具有季相变化,避免景观的单调性。

图 5-1　基调树种

图 5-2　骨干树种

## 二　群落分析

植物群落可分为自然群落与栽培群落。

自然群落是在长期的历史发育过程中,在不同的气候条件下及生境条件下自然形成的群落。各自然群落都有自己独特的种类、外貌、层次、结构。环境越优越,群落中植物种类就越多,群落结构也越复杂。

栽培群落是按人们生产、观赏、改善环境条件等需要,把同种或不同种的植物配植在一起形成的。如果园、苗圃、行道树、林荫道、林带、树丛、树群等。植物造景中栽培群落的设计,必须遵循自然群落的发展规律,并从丰富多彩的自然群落组成、结构中借鉴,方能在科学性、艺术性上获得成功。切忌为了单纯追求艺术效果及刻板的人为要求,不顾植物的习性要求,硬凑成一个违反植物自然生长发育规律的群落。就乡村而言,乡土树种适应本地气候环境,具有较强的适应性和抗逆性,既是植物资源开发利用和保护的主要对象,又在区域经济社会的可持续发展中具有不可替代的地位和作用。例如,安徽本土树种主要指原产于安徽省域的树种,如香樟、乌桕等。安徽地处江淮交接处,地理位置特别,地理环境复杂,因此在进行乡村植物规划时,需要针对不同植物的习性和具体环境来判断是否适合栽种。以乡土树种为主,可以更好地适应本地的环境,形成稳定的村落景观。

乡村是人工与自然的过渡地带。与城市相比,乡土植物及其群落对于乡村环境有着独特的适应性,乡村景观的构成要素具有更为明显的地带性,乡村绿地的养护投入费用明显低于城市。因此,基于生态稳定性、景观地带性和经济节约性等,乡村生态植物景观营造也应当学习和借鉴自然植物群落。

## ▶ 第二节　充分结合农产与地貌,展现原生态的大地景观风貌

如今,人们的美学价值观正在逐步回归"自然美""朴素美"的观念。亲近自然,享受自然的舒适,慢慢变成了一种生活方式。这种观念的转变给我们的启示是美丽乡村的建设离不开农业,乡村旅游和休闲农业的发展不能抛弃农业的生产性。构建现代乡村植物景观应该将农产纳入规划当中,并且结合当地地形地貌,因地制宜,在原有场地的基础上加以创新,又不大范围改变原有地貌,从而展现出原生态的大地景观风貌。

### 一　因地制宜,景观设计结合实际

乡村植物景观不仅要在理论上规划,更要结合实际,根据原有的地质地貌,进行合理规划。将农产与地貌相结合,因地制宜,如将地形与茶业园(图5-3)结合,形成具有地方特色的大地农产地貌。如安徽省六安市金寨县麻埠镇响洪甸村的村庄规划,考虑到该地为山区,因此规划定位为六安瓜片源产地、生态文明旅游村。项目在整体景观风貌上充分挖掘村庄历史、文化及地方特色,以当地特色经济作物六安瓜片、毛竹和地质资源红石为景观元素,打造现代乡村新景观,突出景观地方特色。绿化系统充分利用现状优越的自然资源,发挥村庄生态优势,结合村庄道路、水系、公共活动空间等布置绿化,形成一个"点、线、面"相结合的生态

绿化系统。植物配置以"适地适树"为原则,选用乡土树种,使村庄绿化与自然环境相融合。同时,村庄绿化以乔木(香樟、桂花、玉兰、水杉、枇杷、杨树、蜡梅、蒲葵等)为主,以灌木(海桐、栀子、月季、迎春、杜鹃、紫薇、石楠等)为辅,配以花草点缀,形成乔灌草相结合、层次丰富、构图优美的村庄植物景观。在重要地段景观风貌上,街道整体景观以体现乡村的自然生态、乡土文化和生活气息为原则,从街道细节要素方面入手进行控制,形成变化中求统一的街道景观。该项目既考虑到地形地貌,又在此基础上进行深入设计,以六安瓜片为农产特色,带动当地旅游业的发展。

图5-3 茶叶园

## 二 推陈出新,充分利用自然资源

在进行乡村景观规划时,需要充分利用本土的自然资源,发展农产业,形成地方特色。如安徽省岳西县响肠镇请水寨村的村庄规划,该地的地形地貌以山地为主,场地以林地耕地为主,地形变化大,比较陡峭。项目设计根据保护、利用、充实与发展的原则,进行梯田特色研究(图5-4)、文物遗址古树保护,利用其山林植被多样的特点,发展具有当地特色的自然风光。

图5-4　梯田风光

## ▶ 第三节　注重乡村意象的营造，形成色彩丰富的乡村景观

在乡村景观设计中，意象可以帮助感受者与乡村景观建立情感联系，这是一种主题氛围的打造方式，它所形成的个性化差异帮助旅游区脱离核心产品单一重复的困境。近年来，随着城镇化以及乡村旅游的快速发展，乡村景观建设正迅速崛起。然而，在景观建设中，乡村大量宝贵的自然资源与文化资源并没有得到合理的保护和规划，乡村在传统风貌、生活方式、意识形态上都与城市同质化，逐渐失去了乡村原真性。景观不仅是生态系统的载体，也是资源的载体。资源需求的不断扩张和在更大规模基础上的开发利用，是景观破坏的重要原因之一。经济的快速发展和社会的加速变革，使传统景观不断遭受冲击。因此，着重朝着营造乡村意象的方面打造，是以后乡村规划的重要内容。乡村的意象分为不同层次，有田野、空气、楼台、民居、小桥流水（图5-5）等景观元素，有民风民俗、风土和农事等社会元素，这些共同组成了乡村景观。

(a)景观一　　　　　　　　　　　　　　　(b)景观二

图5-5　小桥流水景观

乡村意象可从以下三个方面表达和营造：

### 一 保留并强化有农耕文化特质的山水地脉特征

乡村景观意象随着不同的自然环境特征及地区居民对其利用的形式差异，产生了截然不同的具有浓厚地方自然环境特征与区域文化特征的乡土景观，这是本土农耕文化的直接反映。它既区别于原始的山水地貌和已被高度开发的城市空间，具有明显的边界特征，又与周边区域相互渗透融合。在田园综合体规划设计中应进行自然资源的适宜性、开发程度及生态承载量分析评价，将其作为设计的基础和依据，尊重场地乡村地脉形态，在有效保护的基础上对场地的山水资源进行整合利用。

### 二 提供可展示乡土民俗的社会活动空间场景

空间场景是地域文化的主要载体，是不同时期在环境、资源、文化、地域、美学的综合作用下所形成的。它存在于城市、郊区、乡村或荒野等所构成的连续时空中。在田园综合体规划设计中，对乡村民俗、田园生活的联想和引发情绪的共鸣，需要借用某一个特征化的自然环境和人文环境，在场地的空间场景重新展示典型场面或传统活动，以真实而立体的景观空间塑造一种特征和氛围，促使游客对传统文化有更具体且感性的理解。

### （三）展现乡土特色资源景观并强化景观特征点

乡土资源在与人的长期相互作用中,会形成独特的地域化景观印象。像乡村景观的植物设计与城市观赏植物的配置模式就有所不同,它不仅需要加大乡土植物种植的比例,还应充分考虑植物的乡土特性,模拟周边环境的自然植物群落进行设计。

综上所述,在乡村景观规划设计中,打造独特的乡村意象需要根据本土自然条件与文化内涵的不同,因地制宜,才能甄别其中具有本土特色的典型植被群落和人工地貌、文化符号显著的乡村建筑群、标志物和建筑空间轮廓、仪式化的乡村农事活动场景等可调用的文化元素,从而找到田园综合体景观规划的切入点,形成色彩丰富的乡村景观。

## ▶ 第四节 探索植物景观的乡村符号设计, 打造个性化乡村标志物

文化符号是一个地区文化传播的名片,对文化的呈现仅通过单一的表现手法及文化的简单复制、堆砌、叠加,并不能充分地表达文化的内涵。乡村有着与城市不同的特征,如农田、田间小路、农作物、劳作场景、乡土风情等。此外,也有一些是在乡村"成长"过程中出现的具有代表性的人或事物。在进行美丽乡村规划建设的过程中,需要对乡村的文化特征做深入了解,并加以提炼,再通过合适的表现手法展现出来,这样才能打造个性化乡村标志物。

### （一）在具象事物的基础上,提炼它的"情感符号"

情感符号是一种艺术创作与加工,发挥着阐释人与物相联结的重要功能。正因如此,情感符号常常表达出美学的含义,已上升为人与地方社会的关联,涉及身体、心灵与乡土规则的内化。如乡村植物景观中的农田,显然已与当地人的情感及民俗活动产生了密切的联结,但是乡村的农田随处可见,想要打造个性化标志物,必须试图把这种具有情感联

结的内涵以某种美学的方式予以表达,如此自然就转化为一种情感美学符号。在民俗中,还依据植物的谐音文化及观赏特性(如"桂"与"贵"谐音,象征荣华富贵;"橘"与"吉"谐音,象征吉祥如意),形成源远流长的中国独特的植物文化。

### (二) 在村落景观的基础上,建构它的"历史符号"

乡土景观是基于地域文化而产生的,生态系统稳定,会给人们和谐、亲和的心理感受,同时具有极强的心理归属感和认同感。在建设美丽乡村时,应用乡土景观,不仅是保证美丽乡村富有地域特点,更是尊重人的情感和习惯。村落聚居地是人们与自然资源在时间和空间作用下形成的地域文化的产物,最能体现村落的历史文化、意识形态、民俗风情等。村落聚居地的植物景观与村域相比,人为因素更多且乡村文化更浓厚。村民依据某种意图营造出新的植物景观,或是想要某种结果而对原植物或者群落进行保留与提升,随着时间的流逝,村民与自然资源共生共荣,就形成了乡村符号。

### (三) 在原有场地的基础上,提炼它的"色彩符号"

色彩是构成乡村符号的重要元素。乡土景观中的色彩大多是自然色彩表现,例如植被由于季节变化的色彩、房屋建造时使用的材质的原始色彩及地形地貌中体现的土地色彩等。这些色彩对乡村景观的整体基调起到了渲染作用,所以在规划乡村景观时,对色彩元素的应用不可忽视。在美丽乡村建设中,乡村景观符号的提取来自传统乡土景观的构成。如安徽省黟县宏村在美丽乡村规划上凸显了乡村景观与其符号的再生,利用村落建筑的白与灰、水景的清澈、村庄植物的生机盎然,形成了一幅清新淡雅的江南水墨画(图5-6),在摆脱传统刻板村庄印象的同时,形成了个性化乡村景色。

图5-6 安徽省黟县宏村

## 第五节 多功能性复合业态发展，
## 视觉感受升级动态体验

随着城乡联合发展，城镇一体化建设深化落实，"美丽乡村建设"被提上日程。乡村植物景观在美丽乡村建设中发挥着越来越重要的作用。在进行乡村植物景观规划设计时，既要考虑景观功能，又要考虑整体的视觉效果。

### 一 发展农产，满足经济效益需求

现如今，在乡村庭院景观建设的过程中应充分考虑经济的建设与发展，不仅要改善乡村的庭院景观，还需为经济建设与发展贡献力量。部分山区农村可种植经济价值较高的植物，促进当地的经济发展，改善生态环境，增加村民的经济收益。根据当地的自然特色及条件发展植物经济，在自家的庭院当中种植水果，在改良生态环境的同时，增加居民的收入。并且，在时间上，农作物从萌芽到收割这一过程中，对于整个乡村植物景观而言，在视觉上形成了季相变化；在空间上，如山区，不同高度种植不同对应农产，丰富了竖向空间景观。

## （二）发展手工作坊，满足产业需求

进行乡村规划时，对于农作物可进行产业加工，然后对外销售，由此形成产业链，同时带动乡村景观的发展。片植的农产，在一定程度上就形成了对应的视觉效果，给人不同的感官体验。

## （三）发展旅游，满足休闲娱乐需求

在乡村规划进行功能定位时，对具有当地特色的景观进行深入挖掘，并进行旅游开发，提升当地景观整体水平。在审美经济时代下，我国的艺术家、社会群体及新农人，对乡土元素进行了重新审视，通过艺术化利用，形成既具有乡村淳朴氛围又不失现代时尚气息的乡村景观。审美的提升，使得乡村的一草一木都能焕发出乡村的特有魅力。乡村景观升级绝不仅仅是指景观的视觉化升级，乡村景观升级后不应该只是一块画布，更应该是一个展示乡村整体环境魅力的舞台，成为丰富游客视觉、感受体验的一方热土。

# ▶ 第六节　开发利用野生乡土植物，
# 营造乡村原野景观

我们常常接触到的城市公园景观，是城市公共绿地的重要组成部分，而乡村景观的肌理是否也和城市公园一样呢？我们是应该把城市的景观带到乡村去，还是根据乡村原有的文化来设计乡村特有的景观呢？大趋势是对原有的乡村植物景观加以修改和利用，保持乡村景观的野生化、自然状，营造乡村原野景观。主要的植物景观要素有古树、原生树林、自然花草、经济作物等。

## （一）古树

农村作为人类依附于大自然进行生产生活的聚集群落，既富有大自然自由生长的特征，又具有人类为了改善生活环境所进行的一系列人为干预。随着时间的不断推移,各家各户房前屋后由村民栽种或自然形成的高大乔木古树,见证着村落的繁衍和发展。这些富有记忆的古树在设计当中应尽量被保留下来,以独景树或作为民居背景树的景观设计方式,将其作为视线焦点或建筑背景进行设计表达。

## 二 原生树林

传统村落像一颗镶嵌在绿色大地上的宝石,周围未被开垦的土地覆盖着茂密的树林或草地。如今随着农村的人口逐渐减少,农村扩张的速度放缓,原生树林也越来越茂密,这是农村植物景观营造所具备的重要环境基础。景观设计中尽量将原有山林保留,仅在山林向村落过渡的区域适当整理和补植当地的乡土树种,使其景观过渡更加自然。倘若山林植物以落叶树种为主,可于山林间适当间伐及补植有色叶树,使其秋天的山林景观更加丰富多彩。

## 三 自然花草

乡村田间地头的自然花草随风传播散落在各处,分布散乱随机,没有规律。在乡村景观的设计当中,应当尽量避免城市公园景观植物设计中常见的规则式种植、目的性种植,如能将自然花草巧妙地点缀修饰乡村景观,也可形成农村特有的一道亮丽的风景线。

## 四 经济作物

乡村景观中除了房屋和道路,最具有人工痕迹特征的景观元素就是经济作物了。将单一经济作物成片成群地栽种,形成乡村所特有的麦浪、花海等规则式植物景观,是城市所不具备的,也是农村和城市的一个重要区别。

乡村有别于城市,乡村的肌理也要和城市有一定的区别,这样我们的乡村才能符合所赖以生存的自然环境,才会有更长远的发展。

第六章　村落植物景观规划

村落在我国有着悠长久远的发展历史，它是人类进化和人类文明起源时期的产物，其形成和发展则与农业的兴起密切相关。随着中国历史延续下的多元化发展，因地理环境、民俗文化、生活环境的差异性，不同的村落形成的村落景观也各有不同，但是都包含了具有地形、气候、生态等景观元素的自然景观和人类生产生活创造的居民建筑、街巷空间、小景节点、习惯风俗等人文景观。对村落植物进行景观规划，有助于改善村落生态环境，软化建筑景观，体现季相变化，营造地域特色。

## ▶ 第一节　村落植物景观概述

### 一　概念的界定

#### 1.村落

《史记·五帝本纪》说："一年而所居成聚，二年成邑，三年成都。"其注释中称："聚，谓村落也。"《汉书·沟洫志》说："或久无害，稍筑室宅，遂成聚落。"村落是聚落的一种基本类型。伴随社会的分化发展，在早期中国以国家形式出现后，村落作为一个实际存在的生产生活单位，具有聚族群体性和血缘延续性的特质，并随着人口、规模、农业发展等的变化，在历史进程中不断变迁。

作为中国乡土社区的单位，村落是以农业生产者为主的定居场所，主要指大的聚落或多个聚落形成的群体，常用作现代意义上的人口集中分布的区域(图6-1)。就规模而言，村落的规模远比不上城镇，但它是一个相对独立而完整的农民生活的聚落。村落主要由民房及房前屋后林等构成,用于保证农民生产生活。

图6-1　安徽省黟县西递村

### 2.村落景观

村落景观是主要从事农业生产的乡村聚落中自然与人文景观高度融合形成的景观综合体,它是由当地经济发展状况、历史传统文化、独特的地理条件等多方面共同作用形成的。村落景观是乡村的文化标识,反映乡村景观体现的场所历史,延续场所文脉。村落景观的规划应在形式上与村落内部各特征和谐统一,以人类为核心,以农业发展为基础,以当地生态环境为载体,运用景观的方式来表达(图6-2至图6-4)。

图6-2　村落自然景观　　图6-3　村落人文风俗景观　　图6-4　村落人文建筑景观

### 3.村落植物景观

村落植物景观是指由自然植物与人工植物共同组合形成的满足村落自然与人文特征的景观。村民依据某种意图营造出新的植物景观,或

是想要某种结果而对原植物或者群落进行保留与提升,随着时间的流逝,村民与自然资源共生共荣,就形成了村落植物景观文化。村落中的植物与村民的生活、生产紧密相连,相互作用。与乡村其他类别景观不同,村落景观规划应将乡村文化放在首位,通过对村落中的民房及房前屋后林等进行植物景观的营造(图6-5与图6-6),改善村落生态环境,软化建筑景观。

图6-5　西递村房前景观　　　　　　图6-6　西递村宅院景观

## 二 村落植物景观的现状

### 1.景观元素缺乏与乡土文化的融合

村落景观中的水景、道路、植物、小品等都是景观元素。现如今,村落更多呈现出来的是千篇一律的景观,重复的植物搭配,同样的石拱桥与带状水,在景观元素中很少能够看到当地文化的融入。在村落中具有丰富且重要的古树资源,它们很多都有着深厚的文化渊源,但现状是对于文化展示不足。

### 2.绿化树种城镇化,栽培植物种类趋同化

目前,城市绿地建设的经验日趋成熟,且大多数苗圃中培养的都是城市类的园林植物种类。而且,除少数郊区村庄外,大多数村庄都没有本土绿化苗圃。因此,近年来,许多农村地区均采用了相应的绿化植物景观,如常见的榕树、桂花、银杏、秋枫、樟树等,这些都属于沿用多年的城市类园林树木。过度使用城市绿化苗木降低了当地特色,使乡村植物与村落风貌割离,背离乡村植物景观营造的初衷,失去了原有的乡土气息。

**3.景观植物群落结构单一,村落各区域特征不明显**

村落植物景观的营造效果不是经过乡村规划后植物的单一化种植,而是通过自然选择以及村民自发的、无意识的植物种植所呈现的单一化。如在许多村庄的水系周边以柳树种植为主,形成了柳树林带,但是由于对中层植物及地被植物的种植并没有进行深入的考虑,造成了景观形态的雷同。同时,村落一些区域的植物群落性单一,种植模式相似,区域特征不明显。例如,一些村落公共绿地以红叶石楠、女贞等作为植物分隔带,同时一些道路空间也运用其绿化美化,导致村落各区域植物景观效果较为相似,对乡村景观的营造产生了不利的影响。

## 三 村落植物景观规划的作用

### 1.改善村落居住环境

植物景观可以有效缓解村落发展过程中带来的环境压力。例如汽车尾气中主要污染物为$CO$、$CO_2$、碳氢化合物、固体悬浮物、铅及硫氧化合物等,而小叶榕、竹柏、铁冬青、红花油茶、夹竹桃、仪花、密花树等对这些污染物具有重要的吸收作用。同时,由于植物的种类繁多,形态各异,在生长发育过程中呈现出鲜明的季相变化,利用植物的自身特点,营造出丰富多彩园林景观,可改善村落生态面貌,美化村落环境,提高村民生活幸福度。

### 2.保护乡土植物资源

村落植物景观规划设计中,乡土植物在生态环境的改善及稳定方面有着不可取代的地位,在一定程度上反映了当地的绿化水平。在村落植物景观规划时,通过对乡土植物的调研、梳理记录,可以更好地掌握乡土植物资源,进而制定一系列的保护措施,并在尊重当地乡土植物现状的基础上,从中选择最具优势的乡土植物进行景观设计。古树是村落重要资源,加强古树保护,也会促进村落发展。

### 3.提升村落吸引力

"小桥流水,花红柳绿"是人们对于村落的印象,人们在这里可以找到故乡美好记忆,植物景观对提升村落景观吸引力具有重要作用。一片

春意盎然的油菜田(图6-7)可以唤醒游客满满的思乡情结,门前的古香
樟、玉兰丰富了民居建筑构图,迎春花使小桥流水(图6-8)更具诗情画
意。通过村落的植物景观规划,可以充分利用植物品种的丰富性和种植
结构完整性,将植物元素与其他元素共同组景,展现出植物景观的形态
美与文化美,从而提升村落的整体吸引力,增加旅游观光价值,打造出
"一村一品"的特色乡村。

图6-7　油菜田

图6-8　小桥流水

# ▶ 第二节　村落植物景观规划原则及设计程序

## ● 一　村落植物景观规划原则

### 1.因地制宜、突出特色

历史积淀深厚的传统村落和新时代背景下的新农村村落,都有着独
特的地理环境、自然风貌、人文风俗等景观。在村落植物景观规划中,需
要详细勘察和了解村落的资源和植物景观现状,规划设计时应突显村落
特色,体现出村落乡土气息和乡土风情。

### 2.科学规划、合理开发

自然环境、民居院落、社会风尚、生活方式、民俗传统等构成了地方
村落文化的独特内涵,应加强保护。在进行村落植物景观规划时,应将
自然环境、地形地貌、村落文化相结合,见缝插绿,细化绿化建设措施,注

重绿化整体效果,将规划落到实处,留足绿化用地空间。

### 3.生态优先、守住乡情

村落是一个有序、复杂、开放的生态系统。生态系统为生物自身和人类提供所需的物质、能量及良好的生存空间。在对植物景观规划时要尊重各种生态过程,对村落周围环境做全盘考虑,营造丰富多样的植物群落,保护环境,维护自然生态的原真性和完整性,塑造富有乡土气息的特色景观风貌,让居民望得见山、看得见水、记得住乡愁。

### 4.公众参与、环境优美

村落的植物景观规划主要是为居民生产生活服务的,因此规划时必须让公众广泛参与。鼓励村民在房前屋后栽植树木,开辟小竹园、小果园、小花园等,既美化居民生活环境,又得民心、顺民意。

## 二 村落植物景观规划设计程序

村落植物景观规划设计主要以整个村落整体为单位编制,规划范围包括村落内部及外围可绿化用地空间。村落植物景观规划设计的程序如下:

一是现状调查。要了解本村落基本情况,包括村落的乡土植物资源,村居的历史、文化,村民生产经营方式,村庄周边生态环境特点等。

二是景观特征分析。包括村庄的空间层次、景观资源、民居院落、民俗文化、生态环境等方面的特点。

三是确定规划定位和指导思想。

四是对村落功能分区布局。

五是景观规划。对特色景观、公共空间、民俗院落等进行详细规划。

## ▶ 第三节　村落植物景观规划方法策略

村落作为乡村地区人们的居住场所,其分布、形态是人类活动与自然环境相适应的产物。由于村落功能较为简单,规模较小,村落植物景观大致可以归结为以下几类:村落入口植物景观、广场绿地植物景观、公

共绿地植物景观、院落住宅植物景观。

## 一 村落入口植物景观

### 1.空间特征

村口是连通传统村落内部与外部空间的重要景观节点,起着组织交通及集会活动等作用。村落入口的植物景观规划设计应结合村落当地的景观元素,展现村落的生活环境和精神面貌,使村口景观具有特色和标志性。如黄山市黟县西递村村口标志立石将徽派民居的砖墙、石雕与爬藤类络石、肾蕨、苔藓等相结合,营造出历史沧桑感,与西递标志性的入口古牌坊建筑风格相呼应,传达出西递村落文化内涵(图6-9与图6-10)。同时,砖墙处的缸植荷花既可以丰富空间,软化硬质景观,又可将荷花具有的真善美吉祥寓意赋予村落文化,增强可印象性和可识别性。

图6-9　西递入口标志立石　　　图6-10　西递标志性牌坊

### 2.植物景观设计策略

在设计村落入口植物景观时,要以植物景观的实用性为基础,避免植物景观在生长过程中侵占村落入口空间,给乡村居民的出行造成不便。同时,村落入口附近经常会出现农田或果林,在设计入口植物景观时,要根据具体情况灵活应对。如乡村入口紧挨着农田,就要选择小冠幅的深根性乔木植物,避免植物的生长对农田造成影响。

村口景观风貌应自然舒适,并能展现乡村景观地方特色与标识性。村口植物材料的选择上,以乡土植物为基础,选择生命旺盛、树形优美、有地域文化属性特点的植物材料,能够体现出乡村文化精神及文化意蕴,如可选择槐树、柏树、皂角树等大乔木形成村庄入口的标志物,也可选择具有吉祥寓意的桂花、海棠、槐树、榉树、银杏等。营造景观时,可以利用常绿乔木、灌木搭配景石形成景观节点吸引人的视线,也可结合具有乡土风情的景观小品元素搭配形成特色乡土景观,如江西婺源县篁岭村村口以农耕农具结合丰收的南瓜、玉米、辣椒等形成婺源特色"丰收"景观(图6-11);或者使用色彩鲜艳、质感自然的草本植物营造富有特色的乡野氛围,如鸡冠花、蜀葵、月季等,植物种类及种植层次不要过多,整体统一且富有特色即可。同时,要对一些村落入口处的现有的古树资源进行保护利用,如黄山市黟县宏村村口的古樟树(图6-12)。

图6-11　江西省婺源县篁岭村村口　　　　图6-12　安徽省黟县宏村村口

### 3.植物配置模式

村落入口的植物景观主要包括列植式与点景式,根据村落与道路的位置不同选择不同的配置方式。

当村落离主要道路较远时,需要通过道路来连接村庄与外界空间,通常采用列植式植物景观营造方式,选用乡土植物,丰富其空间的色彩与季相变化。在村落入口道路两侧对称栽植乔木,起到视觉引导作用,或者在村口处种植大乔木,结合树池、座凳等形成村口广场。乔木选择圆冠阔叶大乔木,带来夏天遮阴、冬天补光的景观体验,如法国梧桐、刺槐、楸树、构树、无患子、栾树、榔榆等;在中层选用开花的小乔木及灌木种类,如鸡爪槭、木槿、紫薇、早樱、蜡梅等,体现出植物季相之美;同时底层选择生长结构较密的可修剪灌木带,如豆瓣黄杨、红花檵木、红叶石

(a)效果图一　　　　　　　　　　　(b)效果图二

图6-13　村落离主要道路较远时植物配置效果图

(a)A高冠阔叶大乔木+B小乔木+C修剪色带　　(b)A栾树+B早樱+C杜鹃

图6-14　村落离主要道路较远时植物配置模式图

楠、龟甲冬青、海桐、杜鹃等,丰富景观空间层次(图6-13、图6-14)。

　　当村落临近主要道路或者主要道路横跨村庄内部时,村路需要在村口采用标有村名的村庄标识小品为通行者引导。在村落标志处通过植物配置与景石小品形成色彩醒目、层次丰富的入口小景,从而收到烘托入口的效果,即点景式。上层根据村落入口空间尺度选用圆冠形乔木,如椴树、银杏、槭树、慈竹等,作为空间背景,易于识别;中层采用常绿灌木或色带性植物,如海桐、女贞、小龙柏、杜鹃、小叶黄杨等,提升景观节点整体层次性;底层则采用色彩鲜艳、质感自然的宿根花卉及一、二年生花卉,以提高村落入口景观观赏度,凸显乡野氛围,如鸡冠花、美女樱、黄金菊、矾根、绣球、穗花婆婆纳、玉簪、鼠尾草等(图6-15、图6-16)。

(a)效果图一　　　　　　　　　　　　(b)效果图二

图6-15　村落临近主要道路时植物配置效果图

(a)A圆冠形乔木+B球类常绿灌木+C密植灌木+
D花卉地被　　　　　　　　　　(b)A椴树+B小叶黄杨+C鼠尾草

图6-16　村落临近主要道路时植物配置模式图

## 二　广场绿地植物景观

### 1. 空间特征

　　广场作为村落重要的公共空间休闲区域之一,是居民主要用来进行公共交往活动的场所,是村落的中心和标志性场所。村落中的广场多由街巷与建筑围合而成,其空间形态多种多样,承载着村民们各种形式的交往活动、生产活动和信仰活动。村落中大的广场通常会出现在村落公共建筑的外部空间延展部分,并与街巷空间部分相融合,起到交通枢纽的作用。

　　随着乡村建设进程的不断深入,部分乡村的公共活动广场正逐步建设成形,但其中的很大部分存在缺乏植被、景观效果和功能性较差等问

题,造成村民不愿去广场活动、休憩,公共空间利用率低。广场空间大多依附于景观建筑,如亭、廊等。植物景观也是依附于公共空间进行营造,所以展现出层次少的特点。因此,村落的植物景观规划应根据广场空间的规模、尺度、形状、位置等选择植物景观形式,掌握空间的序列节奏和风格,做到夏可遮阴、冬可挡风,并与整个村落保持统一和谐的基调,营造出轻松、愉快的环境氛围。

### 2.植物景观设计策略

广场的植物景观配置应根据功能空间的性质来创造各种类型的空间,如开放的、半开放的、封闭的,以满足不同游人的要求。对于健身活动空间,植物景观的营造要便于开展活动,因此适宜种植高大的落叶乔木,夏可遮阴,冬不遮阳;对于休闲娱乐公共空间的植物景观营造,植物景观要形式多样化,丰富景观层次,形成开合有致的景观空间。由于观念原因,乡村中活动空间大都私密性较差,因此,可通过丰富植物层次,利用植物围合来营造一些私密性空间,优化公共空间功能,强化空间感。

### 3.植物配置模式

广场植物材料的选择应根据空间环境、所要营造景观的氛围特点,一开始种植时苗木规格可以小一点,长成大树后将形成林相景观;突出"春花秋色"原则,选择2~4个主打景观树种,搭配其他常绿和落叶植物;避免城市化倾向,多用当地特色树种,少用整形灌木、球类植物和草坪,以减轻维护负担;保护利用古树名木、大树资源和原有地形地貌及生长较好的植被。

在广场两侧及树阵空间的围合型绿地常采用规则式种植,用于强调轴线关系及广场的边界,也可以起到突出主景的作用,通常以圆冠形阔叶大乔木及圆形常绿乔木作为观赏中心的高层植物,如黄连木、香樟、栾树、银杏、枫香等,有雄伟浑厚的效果;中层植物的附树可以选用观赏性的小乔木如白檀、日本樱花、红叶李、紫薇、蜡梅、柿树、石榴等,既可挡风,又可以增添视觉趣味;小乔木底部位置可采用低矮的密植成片的绿篱花卉,点植球类常绿灌木,用以丰富景观空间层次,如红花檵木、八角金盘、杜鹃、南天竹、栀子、六月雪、火棘等。树阵空间可以给广场营造出舒适的环境气氛,植物选用树干挺拔、树形端正、冠形整齐、生理抗性强、生长势稳定、寿命长的树种,如银杏、水杉、中山杉、马褂木、国槐、栾树、白蜡、意杨等(图6-17、图6-18)。

(a)效果图一　　　　　　　　　　　　　　　　　(b)效果图二

图6-17　广场围合型绿地植物配置效果图

(a)A圆冠形阔叶大乔木+B圆形常绿乔木+C小　　　(b)A油桐+B白檀+C杜鹃+D黄毛耳草
　乔木+D球类常绿灌木+E密植成片灌木

图6-18　广场围合型绿地植物配置模式图

　　村落的广场中植物搭配花坛、条石、景墙、雕塑等小品构筑物,可丰富广场景观。对于广场绿地较为散布或用以分割空间的绿地的植物景观,采用较为稳定、生态的半自然式配置模式,利用植物形状和轮廓搭配来打破广场规则式空间,使得整个广场更加灵活、有趣味。植物景观层次丰富,一般为2~4层,采用侧柏、龙柏、雪松、异叶南洋杉等高塔形常绿乔木和桂花、香樟、樱花、柳树、广玉兰、枇杷等圆冠形常绿乔木作为上层植物;下层空间常用修剪灌木色带点缀团形常绿灌木或球类常绿灌木,如苏铁、海桐球、红花檵木球、金叶黄杨球、红叶石楠球、叶子花、火棘等;在空间较为空旷、需要景观视点的区域,底层通常再使用一层花卉地被或草坪,如葱兰、玉簪、红花酢浆草、波斯菊、百日草等,此种常用于路旁或台阶处(图6-19、图6-20)。

（a）效果图一　　　　　　　　　　　　　（b）效果图二

图6-19　广场散布、分割型绿地植物配置效果图

（a）A高塔形常绿乔木+B圆冠形常绿乔木+C小　　　（b）A枫香+B油桐+C栀子+D白檀+E六月雪
乔木+D团形常绿灌木+E球类绿灌木+F修剪灌
木色带

（c）A圆冠形常绿乔木+B球类常绿灌木+C密植　　　（d）A国槐+B樱花+C海桐+D迎春+E鸢尾
成片灌木+D花卉地被+E草坪

图6-20　广场散布、分割型绿地植物配置模式图

　　对广场绿地和活动空间分离设置、植物种植区域较为集中的空间进行植物配置时，植物景观应层次丰富，至少四层，构成复合型自然景观，广场时令花卉的点缀，使得气氛更加浓烈。将圆冠形乔木作为景观背景，如广玉兰、枇杷、马尾松、栾树、加纳利海枣等；选用开花型或彩叶型

小乔木补充亮化空间,如紫薇、李树、红枫、蜡梅、紫叶李等;下层空间用密植成片的灌木点缀(图6-21、图6-22)。

(a)效果图一                              (b)效果图二

图6-21　绿地集中型植物配置效果图

(a)A圆冠形乔木+B小乔木+C团形常绿灌木+　　　(b)A油桐+B香樟+C栀子+D白檀+E山茶+F淡
D球类常绿灌木+E密植成片灌木+F花卉地被　　　　　竹叶

图6-22　绿地集中型植物配置模式图

### （三）公共绿地植物景观

#### 1.空间特征

　　村落公共绿地是村民锻炼、游憩、交往的重要场所。如老年人之间的交往可以帮助老年人排除孤独寂寞感,使他们度过愉快的晚年生活,从而形成一种友善、互助的健康人际关系。

　　一些村落规模较大,公共空间数量较少,导致某些区域的村民距离活动空间较远,不能满足村民的生活需求。因此,对于村落的闲置、废弃地,应见缝插针地合理利用,形成景观节点,唤醒场地活力,给附近的村民提供小的活动空间,便于人们就近休闲交流,以满足村民的生活需求。

**2. 植物景观设计策略**

村落绿地的植物景观营造应根据空间尺度的大小选择合适的配置方式。对于村落空余绿地空间不太充足的情况，应利用小乔木、灌木和地被植物，形成较为简单的层次结构，对空间加以美化利用，提升空间的美观度。当公共绿地空间较为充足时，可利用孤植乔木形成交谈空间，或者适当种植乔木，以常绿乔木为主，搭配观花植物，再利用地被植物的高度及形态、花期特色，形成层次丰富、观赏效果持久的草本植物群落，整体的植物景观营造效果应以简洁、精致且富有乡土田园特色为主。同时也可利用花坛形成景观设施，为村民提供休憩空间，以满足村民日常聚集、交流的需求。

**3.植物配置模式**

在对村落公共绿地进行植物配置时，应以自然式配置为主，对于一些现存植物群落的绿地，在对其进行规划设计时，应保留可利用的原生植物，仿照自然之理，与人工植物相结合，打造半人工自然群落。对于公共绿地较小的空间，植物配置时层次可选用3层或4层，上层植物选用圆冠形乔木层，形成可遮阳空间层，如栾树、无患子、榔榆、香泡等；在中层选用开花的灌木种类，如鸡爪槭、木槿、蜡梅、山樱花等，也可采用红叶石楠、金森女贞、安酷杜鹃、冬青等修剪色带，进行空间的补充，体现出植物景色的四季变化之美。

对于公共绿地空间较为密集的区域，在上述基础上，植物层次可再增加1层或2层，选用花卉或长叶型植物作为地被，如栀子、鸢尾、蜀葵、大丽花、毛地黄、天竺葵、蒲苇等；在具备廊架等景观构筑物处栽植观赏效果良好的藤本植物，如凌霄、野蔷薇、丝瓜等，以丰富公共活动空间的植物层次（图6-23、图6-24）。

(a)效果图一　　　　　　　　　　　　　(b)效果图二

图6-23　公共绿地植物配置效果图

(a)A圆冠形常绿乔木+B团形常绿灌木+C修剪
色带

(b)A无患子+B紫薇+C海桐

(c)A圆冠阔叶大乔木+B小乔木+C密植成片灌
木+D花卉地被+E草坪

(d)A椴树+B桂花、红枫+C连翘、海桐+E绣球、金
鸡菊

(e)A圆冠形常绿乔木+B小乔木+C球类常绿灌
木+D密植成片灌木+E花卉地被

(f)A香樟+B侧柏+C海桐+D波斯菊

图6-24　公共绿地植物配置模式图

## 四 院落住宅植物景观

### 1. 空间特征

院落住宅是与人们日常生活关系最紧密的空间。院落住宅景观很大程度上体现了村庄的民俗风情,反映了村庄的文化及特色,在某种程度上也反映了村庄的经济发展及文明程度。宅院植物景观是地域文化的表现。村民自发营造,以满足生活、生产需要为基础来进行植物的选择及应用,营造具有美好的寓意的院落住宅景观。同时,对宅院植物景观的营造可以一定程度地弥补村落绿化的不足。

院落住宅在设计建设过程中整体空间大致可分为建筑区域、道路区域、家禽杂物区域和绿化区域这几个板块,应具有当地的乡村特色,同时最好融合原有的自然物。通常前院主要为停留及日常休闲空间,绿化面积相对较足,往往种植乔灌木和地被植物;后院是较为私密的空间,受建筑影响较大,采光略微不足,且冬天受季风影响,需种植较大的乔木进行遮风处理。

### 2. 植物景观设计策略

院落住宅景观要素包括民居建筑风格、绿化景观、围墙、庭院铺地、景观观赏小品、亭廊花架桌凳等休憩设施和其他要素。这些要素共同构成了庭院景观。乡村院落住宅的植物景观与城市住宅小区植物景观的不同在于精细度与多样性较为欠缺,但在对其进行植物景观设计时也要考虑植物空间的合理性、植物种植对院落住宅的采光通风性的影响、前庭后院植物品种的选择等。

首先,院落住宅的植物景观设计需结合当地文化,了解与尊重当地的民风民俗,对植物的选择应建立在地方植物传统文化上。例如,一些村民在对院落住宅进行植物栽植时,往往选择一些具有美好意义的乡土植物来寄托其对美好生活的向往,如石榴寓意"多子多福",桂花寓意"富贵满堂",柿子树寓意"事事如意"等;还有一些地区在栽植树木时讲究"前不栽柳,后不栽桃",这种因当地习俗对院落住宅的景观营造,有利于保持乡村特有的文化内涵。

其次,院落住宅的植物景观设计还应考虑布局的合理性,根据院落住宅的规模来选择合适的绿化植物,根据院落的大小选择合适的植物景观营造方式。在设计时,村民多选择栽植果树、营造小菜园等,这与生活实用性关系较大,既能满足村民日常生活需求,又可美化环境。同时,还要考虑乔木与建筑的位置,建议在建筑的西侧与东侧方向种植树木,距离建筑5~10米处种植庭荫树,合理地选择栽植的树种,使得乡村宅院景观春季有变化、夏季可乘凉、秋季有阳光、冬季不萧条,既有浓厚的自然文化意境,又能兼顾经济效益。

再次,院落住宅是一个独立的空间,在进行植物景观设计时,也应根据建筑的色彩、高度以及周围的空间特征条件来选择植物,以构成整体的景观,体现意境美。在设计时,综合运用乔、灌、草搭配,常绿、落叶、开花植物搭配,植物文化搭配,以及植物景观的变化与统一、均衡性等美学法则,体现庭院植物景观美学(图6-25)。

图6-25　庭院植物群落

### 3.植物配置模式

庭院空间是人们日常生活的主要活动场所,对其进行植物景观设计时,要将经济、观赏、功能三者有机结合。乡村中庭院尺度和格局大致相似,下面根据其使用情况和绿化面积的不同提出不同的植物景观设计策略。

1)景观型庭院

对于乡村庭院空间而言,景观型庭院是综合景观效果较佳、空间分割较为合理且经济效益较为良好的庭院形式。通常在庭院前后空白空间结构中布置小型植物景观,以观花、观果乔木为主,提升庭院的绿化面

积,满足居民的观赏需求。该类庭院的绿化多选择其居民经济条件较好、庭院空间较大且与居民自身意愿相符的庭院进行打造。

院落住宅设计中,为避免植物对院子采光产生干扰,应严格控制高大树木与庭院之间的距离,确保两者之间的距离在3米以上。在创建植物景观时,可以选择"乔木+果木+花卉灌木+食用景观(蔬菜、药用植物)+花卉"的多阶段建设模式。其中,上层乔木不宜过多,应选择2或3种树种散植在园内,可选品种有栾树、乌桕、朴树、银杏、枫树等季节变化明显的落叶大乔木,或广玉兰、桂花、杏花、木槿、紫薇、紫叶李、紫玉兰等观赏性良好的品种。为了实现当地景观和经济效益的良好结合,可以使用一些果树取代高大的树木,可选的植物种类有沙梨、柿、桃、枇杷、石榴等;庭院的左右两侧通常是线性空间结构,因此设计植物景观时,以观花类草本植物为主,可选鸢尾、蜀葵、萱草、菖蒲、牡丹、菊花、矢车菊、百日草、大丽花、美人蕉等丰富庭院绿化景观的色彩感,并借助植物的层次性弱化庭院两侧墙壁的线条感,选择攀缘植物如凌霄、紫藤、蔷薇等(图6-26、图6-27)。

(a)效果图一　　　　　　　　　　(b)效果图二

图6-26　景观型庭院植物配置效果图

(a)A乔木+B果木+C花卉灌木+D食用景观+E花卉　　(b)A榉树+B早樱+C金丝桃+D矮生翠芦莉+E向日葵+F蔷薇

图6-27　景观型庭院植物配置示意图

82

庭院后侧是较为私密的空间,且采光效果较差,综合考虑景观维护以及成活率等因素,应种植耐阴花卉,如杏花、木槿等。此外,在庭院后侧地被植物选择方面,可以使用生命力强、自传播能力强的宿根花卉或者一年生草本花卉,不仅能够提升庭院植物景观的层次性,还能够有效降低后期维护成本。在靠近庭院墙壁的区域,可以选择蔷薇、凌霄等攀缘类植物覆盖墙面,提升庭院墙面绿化面积(图6-28)。

(a)效果图一　　　　　　　　　　　　(b)效果图二

图6-28　景观型庭院后院植物配置效果图

2)果蔬型庭院

除了景观型植物设计,果蔬型植物设计也是庭院绿化设计中经常采用的方式。从乡村振兴的角度看,农民在自家庭院中种植的果蔬属于绿色有机农作物,对于城市居民而言具有很强的吸引力,可借助"田园游""农家乐"等途径,将果蔬售卖给游客,以体现庭院植物景观设计的经济价值,优化农村经济结构,为推动落实乡村振兴战略提供帮助。

果蔬型庭院空间较大,通常采用果树、蔬菜作为庭院植物景观的主要元素。通过在庭院中种植果蔬,一方面满足日常食用需求;另一方面利用果蔬鲜艳的果实,提升庭院整体绿化水平。对于前院绿化面积较大的庭园,建议种植庭荫树或果树,根据庭院空间大小选择适当体量的乔木,注意不能遮挡住房的阳光,可选柿树、核桃树、桃树、李树、杏树、石榴树、樱桃树等经济性开花植物。庭院的后院一般绿化面积较多,多作为储物空间或形成菜园,植物对主体建筑影响较小,在种植条件允许的情况下,可选择种植常见的可食用的乔木,如香椿、槐树、榆树等。在大门口内侧可配置樱桃树、杏树等观花、观果的乔木,乔木下方点缀耐阴花

木。林下空间选择不同果蔬成块成片栽植,例如辣椒、番茄等,种植蔬菜时需注意果树的枝下高度,保证采光,其种植密度与农田种植密度类似(图6-29)。

(a)效果图一　　　　　　　　　　　　(b)效果图二

图6-29　果蔬型庭院植物配置效果图

### 3)可食地景型庭院

与传统的景观形式相比,可食地景型有着明显的不同之处,以可食用、可入药的农作物为主,带来特色的景观效果的同时,也能带来经济收入。可食地景型庭院可分为以蔬菜种植为主和以药用植物种植为主两种模式。

蔬菜类可食地景型庭院:该类庭院空间一般较小,庭院主人的经济基础较为一般,不适宜过于景观化打造,可在现有的空间内归整梳理建设出小菜园,以蔬菜、瓜果等为种植种类,最大限度地利用现有庭院,满足日常的生活需求。此外,经过梳理的菜地也可形成具有乡村原始风貌的可食地景,展现当地的景观特色。在对庭院空间进行梳理后,分块种植与村民生活联系紧密的蔬菜类植物(具体植物种类由村民自发选择即可),也可规划出少量种植区域,栽植药用植物与乡土花卉,丰富庭院空间的色彩变化,最大限度地满足居民的生活与经济需求(图6-30)。

(a)效果图一　　　　　　　　　　　　　　(b)效果图二

图6-30　可食地景型庭院植物配置效果图

药用类可食地景型庭院：除打造蔬菜类可食地景型庭院外，也可选用青蒿、决明、金银花、枸杞、鸡麻等药用价值良好的植物进行栽植，营造出药用类可食地景型庭院。

4)花卉型庭院

部分乡村庭院空间的面积较小，而庭院主人的经济实力较好，可考虑打造具有特色的明显区别于其他庭院植物景观的"花卉型庭院"，但这并不意味着要选取不符合乡村特色的城市花卉品种，而是要选取如三叶海棠、蜡梅、蜀葵、木绣球、金丝梅、鸡冠花、月季等具有乡村特色的乡土植物进行栽植，在体现出乡村景色的同时又极具特色(图6-31)。

(a)效果图一　　　　　　　　　　　　　　(b)效果图二

图6-31　花卉型庭院植物配置效果图

5)混合型庭院

混合型庭院的打造往往运用于空间大小较为适中的庭院中，可是几种单一庭院类型的组合，如蔬菜类可食地景型庭院与果蔬型庭院组合、

花卉型庭院与可食地景型庭院组合等。此类庭院是乡村中最为常见的，而其由于搭配的不确定性，又能创造出各种不同乡村景观风貌，为庭院植物景观增加各种变化（图6-32）。

图6-32　混合型庭院植物配置效果图

# 第七章　乡村道路植物景观规划

　　《前汉书·贾山传》曾记载秦始皇修驰道时，"道广五十步，三丈而树"；《周礼·夏官·司马》中亦有"司险掌九州之图，以周知其山林、川泽之阻，而达其道路"的言辞。道路早在汉代就已活跃在广袤的土地上，承载着各种功能。随着时代的发展，道路在传递信息、物质，促进经济社会迅猛发展方面具有重要的作用，然而大多数道路在规划设计时较为模式化、简约化。"十四五"时期的重点任务之一是全面推进乡村振兴，而改善农村人居环境则是推进乡村振兴的第一场硬仗。乡村人居环境建设中的一项重要举措就是乡村道路建设，科学完善地规划乡村道路网络，不仅能促进区域经济均衡发展，更能实现土地的可持续利用。乡村道路景观更是地域特色文化的载体，在各个尺度范围的绿色基础设施建设中发挥着至关重要的作用。

## ▶ 第一节　乡村道路植物景观概述

### 一　概念的界定

#### 1. 乡村道路

　　乡村道路是指主要为乡（镇）村经济、文化、行政服务的公路及不属于县道以上公路的乡与乡之间及乡与外部联络的公路。乡村地区涵盖丰富，乡村道路等级也是复杂多样的。乡村道路作为连接村庄与外部环境的纽带，与其周围的景观元素（山、水、林、农田、房屋等）形成一个综合系统。

　　道路类型可分为乡村出入口(图7-1)、对外通行道路(图7-2)和对内通行道路。对外通行道路是将村落与村外环境连接起来,包括进村道路、村外主干道等,宽度比较大,可以通车。对内通行道路通向每家每户,通常规模比较小,宽度不同,除交通功能外,也是村内线路空间植物景观绿化的重要组成部分。

图7-1　乡村出入口　　　　　　　　　　图7-2　对外通行道路

### 2.乡村道路景观

　　乡村道路景观是乡村道路与其周边环境结合而成的综合景观体系,由道路两侧的垂直景观(山体、水体、建筑、绿化、农田等)和水平景观(路面、边坡等)构成,主要是景观廊道和景观节点。景观廊道是道路景观空间的主体,包括道路空间、路侧带状绿化空间和两侧视域空间,它们相互融合,共同营造乡村道路景观廊道,构筑新的大地景观。景观节点是道路景观空间的重点,是道路体系中的景观斑块,可以形成不同的视觉符号,从而体现不同乡村地域的自然风光与人文资源。

### 3.乡村道路植物景观

　　乡村道路植物景观是在乡村各级道路基础上对路旁空间进行绿化美化,通过植物的高低、体量上的大小、色彩上的不同等来影响道路景观空间的开合,在不同形式的路段配置不同的景观样式,展现不同的景观空间特色,使得道路景观视觉时而强烈冲击,时而优雅细致,极具变化性。乡村道路景观的营造起到提高交通效率和安全性的作用,它将村域内的人居林联成一张绿网,能明显改善乡村景观。

　　乡村道路的植物景观营造不同于城市道路绿化,乡村道路景观基底较为优越,如各具乡土特色的建筑、小品元素和山林、田园、溪流等良好的自然环境。在建设过程中,应在满足空间布局和绿化遮阳要求的基础上,注重底层植物的景观形式,以较自然式的植物营造法则,通过干净通透的植物点缀氛围,营造出乡野植物景观风貌。如安徽省黄山市黟县渔亭镇乡村道路以香樟树作为行道树,下层以草地遮盖裸露的土地,而中层不加以植物修饰,直接显露出徽派建筑挡墙,烘托特有的徽州地域文化(图7-3);江西省上饶市婺源县篁岭村内部街巷空间用闲置容器做花盆,利用爬藤类植物加乡野气息的草花美化街道两侧,营造出乡村田园生活欣欣向荣的景象(图7-4)。

图7-3 安徽省黟县渔亭镇乡村道路　　图7-4 江西省婺源县篁岭村街巷道路

## 二 乡村道路植物景观的现状不足

### 1.植物景观多样性匮乏

在乡村道路绿地中,植物种类运用往往比较单一,难以形成层次分明的植物景观。例如,乡村道路植物景观营造中,菊科、禾本科、苋科等应用较为频繁,北方地区杨树种植频度较高,一些地区效仿城市道路运用悬铃木、紫薇和红叶李等,出现千村一面的现象,乡村特色反而逐渐消失。同时,乡村道路两侧的植物景观营造多为对植式、列植式,未能形成种植相间有序、层次分明、多层复合的植物景观空间。且在种植过程中往往以同一种行道树为主,很少搭配底层的矮灌木及草本植物,不能形成稳定的群落结构,缺乏韵律美,景观效果不佳,容易形成视觉疲劳。

### 2.景观视线不通透

道路植物景观的营造应给予行人浏览沿途风景的视觉空间。乡村道路的植物景观营造通常较为粗犷,在道路转折处、十字路口、丁字路

口、行车存在多种交通隐患因素之处,缺少标志性栽植以预示线形变化。同时,由于植物自身的生长特性,且乡村田野道路植物缺少人工维护,给予其更大的生长空间,植物生长过剩,侵占道路空间界限,导致空间不够通透,遮挡驾驶者视线,影响道路安全。这不仅仅是后期管理不善所致,其本质原因是植物景观设计与道路设计完全分离,未能形成统一体系。

### 3.植物景观空间不协调

乡村道路景观营造时由于设计与施工人员素质参差不齐,在对整体布局时没有充分考虑植物材料本身的差异性及近期与远期生长特征,且一些美学性造景表达技巧欠缺,未充分结合对植、孤植、丛植、群植等配置方式,导致一些景观群落结构单调,景观空间不够协调。同时,植物景观空间并不是独立存在的,而是既有分隔又有联系的。进行景观营造时应该运用植物形、色、香、影等特质,与建筑、村落、桥梁、广告、垃圾箱、电线、农田等其他构筑物及道路周围环境形成空间的流动及渗透,产生协调、融合之美,然而实际情况却不尽如人意。

## (三) 乡村道路植物景观规划的作用

乡村道路承载着生产和居民生活运输的作用,可以作为分隔不同功能区和不同土地类型的景观的分界线。良好的乡村道路可以改善乡村生态环境,提高土地利用率,同时道路与村庄空间的结合,还可以形成乡村公共活动空间。乡村道路植物景观规划的作用可以从美化景观、防护环境和保护生态三方面分析。

一是美化景观方面,乡村景观的规划设计可以点缀人工景观,增加路域文化内涵,美化乡村环境。二是防护环境方面,道路绿化通过视线引导驾驶员行驶方向,使得路线变得明显,同时起到防眩作用;道路绿化带还能起到降低车速的作用,保证安全;道路中植物的运用还能有效降低噪声污染和对烟尘和粉尘产生阻挡、过滤和吸附作用。三是保护生态方面,乡村道路植物通过光合作用及蒸腾作用调节微气候,能降低影响局部气候,固结土壤,减少暴雨冲刷,涵养水源,改善保护道路生态,有利于路面养护。

## ▶ 第二节  乡村道路植物景观规划原则及设计程序

### 一 乡村道路植物景观规划原则

#### 1.安全性原则

道路安全是道路景观规划和设计中最重要的事情,乡村道路应高度重视通过合理的植物配置,延伸边缘林际线,发挥引导行进方向和规范边界的作用,减少驾驶员疲劳,便于驾驶人员视线畅通,提高乡村道路的安全性。在植物配置时要根据地形、环境、人文趋向等因素,因地制宜地利用当地植物资源,进行合理结构配置和组合。例如,在环境条件差的地段,要尽量选用适应能力强、成活率高的乡土树种。

#### 2.景观与功能相结合原则

乡村道路植物景观规划建设中,创造景观的过程,也是一个实现实际功能的过程。农村地区独特的自然和社会环境区别于城市地区,通过园林景观的营造,能够具体解决沿路功能需求和环境问题,缓解农村生态经济障碍。乡村道路景观元素的合理组合,可以最佳地表现功能性,如节点的小品配置(图7-5)起到文化宣传的作用;道路、农田、水库的有机结合(图7-6),可丰富视觉审美,展现现代化新农村新面貌;在太陡峭的边坡,用植物覆盖可以起到保护其安全的作用。

图7-5  道路与节点小品组合

图7-6  道路与农田景观结合

### 3.可持续发展原则

道路植物景观规划设计时应根据实际需求,将道路生态景观融入乡村生态环境综合整治和美丽乡村建设中,实现美丽乡村建设的可持续发展。美丽乡村道路植物景观设计应该符合地域特征,充分利用乡土植物;设计要充分体现出乡村的独特风情,营造生态环保型的景观道路;道路绿化建设工作应先保护后绿化。道路生态景观的建设,应创造出舒适优美的乡村园林环境,美化农村环境,造福于子孙后代。

## 二 乡村道路植物景观规划设计程序

乡村道路景观具有流动性和时空性,设计手法不能局限于一种,需要多管齐下,多种手法交替应用。但无论应用哪种手法,乡村道路植物景观规划均要围绕乡村特点来进行。从宏观角度看,农村路网的景观是一个非常统一的整体系统;在中尺度上,不同的街道景观之间存在联系,但又存在差异;在微观层面上,沿途的环境条件是多种多样和复杂的。

农村及周边地区沿路的整体格局是道路景观不可分割的一部分,乡村路貌与路边栖息地的自然过渡有助于景观格局和谐统一。在乡村道路植物景观规划时,首先要按照乡村道路景观的分类和构成要素分析,明确道路各类环境下的景观设计特点,然后根据不同区域特征进行相关的植物景观营造。

对于已建成村镇建筑的居住环境形成的交通静默区域,乡村道路的植物景观设计应以整理提高乡村道路两侧的空间使用率、绿化景观的美化度为主,以乡土植物为主,采用简单的乔灌或乔草结构,搭配观赏花卉,在人流聚集最多的节点展现乡村风貌(图7-7)。乡村区域面积较大的是自然群落,在道路与自然群落的过渡区域,需要设置足够宽度的群落恢复区,在将道路景观融于自然的同时,通过植物的种植形成清晰的边缘轮廓,林缘线以下种植大片的草地覆盖工程边界,保护土壤,截留雨水(图7-8)。农业景观是乡村地区最为常见的类型,该区域内道路的景观环境特点是植被单一、空间开敞、可视面积较大。植物景观营造时,应依据用地情况,通过透景、漏景、障景等手法形成边缘性景观,将广阔的农业风格引入道路景观中,使其成为乡村特色景观基质上的一条绿带(图7-9)。

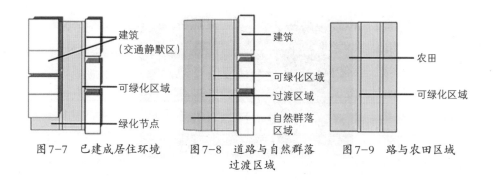

图7-7 已建成居住环境　　图7-8 道路与自然群落　　图7-9 路与农田区域
　　　　　　　　　　　　　　　　　　过渡区域

## 第三节　乡村植物景观规划方法策略

### 一　入村道路

#### 1.空间特征

　　乡村入村道路是连接乡村村落与外部环境的关键所在,入村道路植物景观是村庄的形象体现,也预示着乡村聚落景观风貌特征。对入村道路进行合理的植物景观规划,有利于提升乡村植物景观设计的整体水平。入村道路一般路网密度较小,相对较宽,有8~10米宽,周围景观元素多样化,两侧的界面对空间氛围以及植物种植影响较大。将入村道路植物景观依据其周围景观元素分为开敞型、半开敞型、围合型三类。开敞型是指道路两侧视域空间较开阔,多为农田、水系等(图7-10);半开敞型道路一侧视域空间较开阔,一侧视域空间较封闭(图7-11);围合型道路两侧视域空间较封闭,靠近山脉或靠近建筑(图7-12)。

图7-10　开敞型入村道路

图7-11　半开敞型入村道路

图7-12　围合型入村道路

### 2.植物景观设计策略

入村道路的植物景观营造是乡村植物景观设计的第一印象,在进行植物景观设计时,应注意与环境的协调,保持田园风貌和地方气息。设计植物景观时应满足村民的需求,如果道路两侧是农田,应选择树冠较小、树形笔直的深根树木,以减少对农田的影响。随着农村地区私家车数量的增加,植物景观的设计营造也应满足村民的出行需求,避免植物对道路视线的遮挡。为保证行车需求,对植物景观的分枝点有一定的要求,树木分枝点的高度应为2.5～2.8米。入村道路植物材料的选择要以道路经过村落的乡土植物为基础,同时结合生产性、文化性、观赏性,营造能反映出沿线乡村的不同地域文化特色的乡村道路植物景观,做到"和而不同"。

### 3.植物配置模式

入村道路两侧视域开阔,空间呈外向开敞型,能看到周围的农田、房舍以及远山。道路两侧常为农田,道路宽度为8～10米,绿化应尽量与农田保护林和村庄防护林相结合,一般以列植式种植常绿或落叶乔木,选择抗逆性强、树形美观、生长快、分枝点高的树种,如国槐、栾树、白榆等;根据场地的情况,因地制宜,两侧至少种植1行树种,较宽的地块可以种植2～4行,后排为高大的背景树,前排种植景观树,如桂花、紫薇、樱花等。植物层次可较少,行车视线可透过枝下,或者采用间断式种植方式(图7-13)。

道路一侧视域空间较开阔,一侧视域空间较封闭,为半开敞型入村道路。空旷侧的植物景观可根据开敞型道路进行设计,封闭的一侧更多

(a)A乔木+B地被　　　　　　　(b)A国槐+B樱花+C迎春+D鸢尾+E麦冬

图7-13　开敞型入村道路植物种植配置示意图

的是山、房子、林地等。大多数靠近山路一侧都为斜坡,植物景观设计时应选择生长能力强、深根性的灌木加藤本草本类植物,如胡枝子、紫穗槐、常春藤、迎春、麦冬等,以半自然式景观方式进行护坡绿化美化。在兼顾交通安全和房屋大小的前提下,靠近房屋一侧可以尽可能丰富植物景观和植物水平,采用多样景观元素展现乡村地域文化。在靠近果树林的道路,一般种植果树或落叶乔木或两者间植,株距4~5米,如紫叶李、广玉兰、山楂、枇杷、柿子树、核桃等。在下层可以种植灌木或地被植物和蔬菜,如小叶黄杨、小叶女贞等灌木,萱草、石竹、葱兰、麦冬、矢车菊、鸢尾、菖蒲等地被植物,不仅增加两侧植物的层次,而且防止动物随意进入果林,整体风格体现乡村风情,乡土气息浓厚(图7-14)。

(a)A乔木+B小乔木+C灌木+D地被花卉+　　　(b)A枫香+B盐肤木+C野鸦椿+D野山楂+
　　E草坪　　　　　　　　　　　　　　　　　　E络石

图7-14　半开敞型入村道路植物种植配置示意图

入村道路两侧视域空间较封闭,靠近山脉或建筑,为围合型入村道路。根据周边空间类型,因地制宜地进行植物景观营造,丰富植物景观层次及植物种类,可为较封闭的空间增加植物景观的吸引力及生机,也可缓解视觉疲劳。在两侧为建筑的空间,考虑到周围村民步行需求,选

择分枝点较高、冠幅较大、抗性强的乡土乔木如国槐、栾树、榆树、泡桐、柳树、白蜡等,列植式种植,形成林下通行空间(图7-15)。

(a)A乔木+B灌木;A乔木+C草坪　　　　　　(b)A无患子+B紫薇+C海桐

图7-15　围合型入村道路植物种植配置示意图

## 二 对外通行道路规划策略

### 1.空间特征

村庄中主要交通道路,包括乡村聚落内交通型道路和村庄外围的环村道路。在乡村传统植物景观形成过程中,村民对于主要交通型道路绿化的参与度不高,其主要由村委会统一规划种植。根据传统街巷植物景观特征及村民的建议,结合两侧街巷界面以及两侧绿化空间的大小提出相应的植物营造策略。

### 2.植物景观设计策略

交通型道路连接乡村聚落内各宅间道路,形成村庄交通网络。道路以机动车通行为主,并兼有非机动车交通、人行交通。为了保证行车需求,对植物景观的分枝点有一定的要求,乔木的分枝点高度以2.5~2.8米为宜。在距离房屋较近的地段不宜种植生长过快、树冠高大、有板根的植物。部分乡村道路空间尺度较小,亲近舒适,在进行植物景观设计时,建议选择冠幅较小的纺锤形或圆柱形乔木,以免树木枝干对交通形成阻碍。

### 3.植物配置模式

当道路边界与两侧建筑物距离大于2米,具有充足绿化空间时,宜选择冠幅较大的落叶乔木阵列种植,可以保证夏日有树荫、冬日有阳光;或者选择常绿树种,增加街巷空间冬季景观效果。道路两侧植物配置应该保证道路的行车视距的安全,乔木株距不得小于3米,乔木分枝点高度以2.5～2.8米为宜,宜选择树体高大、树形优美、枝叶茂密、适应性强的乡土树种,如国槐、栾树、白榆、毛白杨等。采用与地平齐的树池箅子形成林下人行活动的通行空间。如果道路两侧都设有商店和公共设施,建议增加人行和停留驻足空间,利用植物景观营造视线开敞的空间。

在前期的乡村建设中,部分乡村对其道路两侧进行"常绿乔木+常绿灌木球"的栽植,这极大程度地破坏了乡村景观风貌。在对其进行植物景观营造时,可选用落叶乔木如栾树、榉树、朴树、银杏等散植于田间地头,并在紧挨着路侧的空间中播撒或种植乡土花卉,如月季、络石、紫花地丁等。当路面较窄或绿化空间宽度为1～2米时,由于两侧建筑的阴影对街巷空间覆盖较宽,所以街巷空间对植物遮阴需求不大。当绿化空间距离建筑围墙较近时,为避免植物对建筑产生影响,可选择一些深根性、分枝点较高、小树冠的乔木或灌木,如桂花、女贞、紫叶李、木槿、紫薇、白玉兰、紫玉兰等;或延续乡村传统种植习惯,在道路两侧种植果树,如柿树、核桃、枇杷、杏树等,增加乡村田园气息和景观效果。在进行植物配置时注意将每种果树分散种植,不要集中在某一区域,且选择落果不会对行人造成伤害的树种。对于林下空间,尽量不采用侧石作硬性分隔,而是通过地被植物形成软性的边界,如此可缓解街道过窄形成的闭塞感。

村庄外围的环村路作为村庄的外边界,空间界面一侧是建筑立面,一侧是农田,两侧植物景观对于村庄边界形态塑造起重要作用。同时,环村路也是村民日常散步、闲聊的主要活动空间,所以对两侧植物景观的观赏性要求较高。林下空间种植地被植物,选择色彩鲜艳的开花植物和体量较大的禾本科植物,形成层次丰富的植物群落。靠近农田一侧间植开花乔木和分枝点较高、形态挺拔的乔木,保证视线通透,乔木间距最好为4～5米,在村庄外围形成高低起伏的林缘线,延续乡村传统景观风貌(图7-16、图7-17)。

(a)效果图一　　　　　　　　　　　　　(b)效果图二

图7-16　对外通行道路种植模式效果图

(a)A圆冠形常绿乔木+B球类常绿灌木+C藤本　　(b)A冬青+B枫香+C白檀+D栀子+E杜鹃+
　　　植物+D花卉地被　　　　　　　　　　　　　　F黄毛耳草

图7-17　对外通行道路种植模式示意图

## 三 对内通行道路规划策略

### 1.空间特征

　　村落中的院落住宅是一个个独立的小单元,村落是个大的生活空间,通过路网将小单元的庭院和广场、祠堂等公共空间连接。街巷除了满足人们基础的交通需求,也为村民之间的交流沟通、活动展开、商品交易提供重要途径。街巷通常紧挨着屋舍,植物的栽植空间较为狭窄,但街巷空间的密度大小与人们的日常生产、生活密切相关,街巷空间形式不同,植物景观绿化所要表现的意境也不同。

　　街巷两侧多为建筑立面和入户门。宅间道路主要是连接院落入口,与宅旁绿地或建筑直接相连。宅间道路除了承担基本的交通功能,也是村民日常生活和交往的户外空间。道路空间尺度虽然狭窄,但亲切宜人,这是因为街巷两侧建筑入户门、围墙、植物共同组成"虚实"变化的空间界面,缓解了封闭式空间带来的压迫感。例如,安徽省黟县宏村宅间空间较窄,但通过庭院的乔木以及攀缘植物柔化建筑的硬质边缘(图7-18);街巷空间同样较狭窄的江西省婺源县篁岭村则是利用攀缘植物及花箱种植景观花卉美化空间(图7-19)。

图7-18　安徽省黟县宏村街巷空间　　　　图7-19　江西省婺源县篁岭村街巷空间

　　"房屋门前"被视为"共同专有权"性质的区域,而在乡村传统习俗中往往属于私人领域。乡村宅间道路两侧植物景观往往由村民自发组织种植形成,村民在宅前绿地中根据自身需求及喜好种植蔬菜和果树等经济性植物,植物景观具有随机性和多样性,所以宅前道路植物景观往往更能体现出乡村田园地域景观氛围,唯一的缺点就是植物种植过于随意,部分地段杂乱。而经过统一规划设计的宅间道路植物景观,虽然整体上整齐统一,但设计模式单一且具有强制性,不能满足部分村民的生活需求。在进行宅间道路植物景观营造过程中,应综合考虑街巷空间植物的景观效果和村民的生活需求、景观偏好,采用设计师和村民相结合的设计模式,设计师提供多个设计方案,由村民自己选择植物景观类型和植物组合。

### 2. 植物景观设计策略

　　道路空间由两侧建筑的立面围合形成。排列整齐且高度一致的建筑立面使街巷空间轮廓单调、僵硬,界面两侧植物景观能够活跃街巷空间氛围,增加街巷空间的景观层次和天际线的起伏变化。因此,应根据道路等级、性质、周边环境条件以及所在区域等情况,因地制宜地开展绿化工作,收到绿树成荫的景观效果。

　　有些宅间道路两侧建筑排列整齐且无遮挡,街道视线呈直线型,对

于此类笔直型宅间道路空间,利用"总体为直、局部为曲"的做法改变宅间道路空间形态,根据宅间街巷空间绿化宽度,散点栽植乔木,增加空间的曲折变化,同时在道路两侧形成遮阳空间,使之成为附近村民交往空间,使街巷空间曲折多变,增加街巷的韵律感和可识别性。

考虑到宅间街巷空间较窄,同一街巷植物景观尽量选择1或2种乔木形成骨架,塑造简洁、统一的景观风格。乔木不仅可以改变空间形态,同时能够形成林荫空间,满足村民在街巷空间交往的需求。灌木和地被植物选择4或5种,利用植物不同花期,形成持续的观赏效果。在宅间道路植物景观营造过程中,还需要注意重点突出春季和秋季的植物景观季相效果。早春多以开花小乔木和灌木为主,在进行植物配置时宜选择不同花期植物,营造出持续的季相效果。在春天和冬天,尽量选择暖色系植物,缓解空间的清冷氛围;在夏季或炎热地带多选用冷色系植物,以平衡和适应人们的心理特点。考虑到宅间街巷空间尺度和空间氛围,可选用冷色系植物或纯度小、体量小、质感比较细腻的植物,以缓解空间过于狭小产生的拥塞之感。

### 3.植物配置模式

宅间道路两侧植物景观对于街巷空间景观及其氛围的营造至关重要,对内通行性道路多为人行道,由于乡村的人行道路多紧挨着屋舍,植物的栽植空间略显不一,而两侧绿化空间宽度的不同也会对植物景观产生很大的影响。根据宅间道路两侧绿化空间宽度的不同,将宅间道路分为3类,采用不同的植物景观设计模式。

针对两侧绿化宽度较窄(1~3米)的宅间道路,可采用灌–草型设计模式,植物种植以低矮的开花小灌木和地被植物为主,在部分绿化面积充足的区域点植小乔木。地被植物设计分为两种类型,一种是以观赏性植物为主的景观型设计,可选用的植物种类有木槿、蜡梅、鸡爪槭、车前、马蹄金、酢浆草、金丝桃、锦鸡儿、棣棠等;另一种是以蔬菜为主,以观赏性地被植物作为边界的菜园型设计。村民可根据自己的需求选择地被植物的设计模式(图7-20)。

当绿化空间宽度大于3米,可采用乔–灌型设计模式,道路两侧可种植乔木、灌木、地被植物形成复合群落。乔木多以果树和开花植物为主,

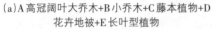

(a)A 高冠阔叶大乔木+B 小乔木+C 藤本植物+D
花卉地被+E 长叶型植物 　　(b)A 冬青+B 窄基红褐栲+C 野鸦椿+D 淡竹叶

图7-20　街巷较窄空间植物配置示意图

以常绿植物为辅。植物搭配形式分为三种:乔木+灌木+观赏草本植物,
灌木+观赏草本植物,灌木+蔬菜。村民可根据自己的需求进行选择。乔
木可选择核桃、刺槐、柿树、杏树、榆叶梅、樱花、紫叶李等,灌木可选择石
榴、丁香、桂花、月季、鸡爪槭、结香等,地被植物可选择百日菊、凤仙花、
观赏辣椒、鸢尾、葱兰、矢车菊、石竹、萱草等,攀缘植物可选择金银花、蔷
薇、凌霄等(图7-21与图7-22)。

A 乔木+B 小乔木+C 灌木+D 地被花卉
(A 柚子+B 早樱+C 结香+D 凤仙花)

图7-21　街巷较宽空间植物配置效果图　　图7-22　街巷较宽空间植物配置示意图

　　针对宅间地面全部硬化、道路两侧基本没有绿化空间的情况,可采
用墙体绿化型设计模式。村民拿出家中闲置容器做花盆,选择盆栽或攀
缘植物,利用较小的绿化空间给街巷空间"增绿",形成富有特色的街巷
植物景观。墙体绿化植物可选择茑萝、蔷薇、常春藤、吊兰、凌霄、文竹、
三色堇、茉莉、菊花等。

# 第八章 乡村滨水植物景观规划

水在人类发展史上一直是生命之源，人类寻水而居、依水而居的古老文明一直流传至今。水在农村生活和生产中发挥着许多作用，包括灌溉农田、洗衣洗菜、排放和转移洪水等。滨水空间作为濒临水域的陆地边缘地带，从生态学角度看，具有水土保持、小气候形成和生物多样性保护等生态效益。河流、池塘、沟渠等作为乡村景观中水上的空间载体，创造了江南水乡的诗意。通过应用滨水乡村景观设计，为居民打造一个独特的滨水景观空间，这不仅有利于改善当地村民的生活质量，还能更好地满足人对自然环境的心理需求。

## ▶ 第一节 乡村滨水植物景观概述

### 一 概念的界定

#### 1.乡村滨水景观

滨水区一般是指与水域濒临的陆地边缘地带。滨水区的景观是一种综合功能的设计，是特定水域与周边相关陆域、水际线、建筑物等所形成景观的总称。乡村滨水景观能满足村民亲近自然、提高生活环境质量的需求，同时发挥着供水、日常洗涤及灌溉等作用。例如，安徽省黟县宏村活水体系中将村内月沼作为"内阳水"，将村口南湖作为"外阳水"，为村民提供日常生活所需用水，而南湖的滨水景观又为村民提供了湖光山色景观，起到休闲娱乐的作用（图8-1与图8-2）。在滨水乡村景观设计过程中，滨水带设计要与景观生态紧密联系，将景观在时空多维交叉状态下连续进行展现,重视滨水空间的线性特征和边界特征,确保滨水边界的连续性和可观性,实现空间的通透,保证与水域联系的良好视觉。

图8-1　安徽省黟县宏村村内月沼　　　　图8-2　安徽省黟县宏村村口南湖

### 2.乡村滨水植物景观

滨水空间作为公共开放空间,在乡村景观设计过程中,可以将其作为自然景观与人工景观相结合的区域,通过适应乡村河、湖、沟渠等沿岸湿润环境的乔灌木、草本植物以及生长在近岸浅水区的水生植物和湿生植物,因地制宜、科学合理地安排植物品种,同时认真考虑空间构图和色彩搭配,以营造各种有吸引力的景观空间,打造出具有乡村本土特色的滨水植物景观。如安徽省巢湖市柘皋镇汪桥村村内河渠(图8-3)滨水植物景观营造以乡土树种樟树、乌桕为主,在边缘以麦冬、栀子柔化岸边硬质驳岸;安徽省黟县宏村村外湿地(图8-4)近岸浅水区则以挺水植物为主,美化滨水空间。

图8-3　安徽省巢湖市柘皋镇汪桥村　　　图8-4　安徽省黟县宏村村外湿地
　　　　　村内河渠

## 二 乡村滨水植物景观现状

### 1.生态环境差

由于一些村落早期缺乏综合污水管网规划，雨污没有进行分流，生活污水直接排放到附近的水体中，因此面源污染问题突出，浮叶植物大面积生长，甚至水体发绿发臭，原有的优质景观空间成为村民回避的问题区域。同时村落绿化不足，以毛石挡墙为主的驳岸形式，导致岸边无水生植物种植，滨水河岸带景观空间美化不足，岸线形态笔直僵硬，驳岸硬质化严重，对村落地表径流污染拦截净化能力较弱。

### 2.乡土氛围缺失

乡村景观不同于自然景观和城市景观，它具有更多的自然性、生态性，缺乏地方特色是目前乡村河岸景观中较为突出的问题。很多乡村景观模仿城市滨水区的设计手法、造型、色彩，缺乏乡村特色质朴生态，使乡村水空间与周围的自然景观不和谐。植物被过度规则式种植，缺失了自然景观特性，没有乡村野味。这些都导致景观中对地方元素的反映不足，景观缺乏地方特色。

### 3.滨水景观形式单一

人们对滨水活动的需求与滨水空间的创造是相互联系、相互作用的，不同的滨水活动自然需要不同的空间，可通过植物和场景的各种形式的空间组合来营造。现在许多地方的乡村景观管理较为粗犷，在对植物景观营造时忽略当地人民生活所需，缺乏疏密有致的活动空间，景观单体造型不够优美，植物组团感及季相变化较弱。同时，乡村植物景观营造时往往没有就地取材、充分利用当地的自然资源要素，造成千河一面、万镇一统的雷同景观，其可观赏功能、可亲近功能和生态调节功能被弱化，乡村滨水区的特色景观丧失殆尽。

## 三 乡村滨水植物景观规划的作用

乡村滨水景观环境是自然与人相互共生影响的区域，通过乡村滨水景观空间的设计，可以创造出适合当地居民生活的空间，增强当地居民对生活的幸福感与归属感。植物景观的规划设计为滨水空间的生态营造创造了更多的思考与实践,通过植物自身的生理生化作用,乡村植物景观空间的营造对乡村水污染起到一定的治理作用,切实改善了乡村的生态环境,为乡村向环境友好型方向发展起到积极的推动作用。同时,乡村滨水植物景观的规划与设计对村落整体环境起到亮化美化作用,从而激发乡村滨水活力,而且乡土元素的应用能够传承和传播乡村文化,对乡村产业的转型及美好乡村的打造起到一定的促进作用。

## ▶ 第二节　乡村滨水植物景观规划原则及设计程序

### 一 乡村滨水植物景观规划原则

#### 1.依形就势,遵循自然

乡村滨水植物景观规划设计应贯彻自然生态优先原则,保护滨水空间两侧生物多样性,在植物景观配置上尽量采用自然植物群落的生长结构,增加植物多样性,建立多层次、多样复杂的植物群落,发挥植物的生态优势和自我保护、更新和发展的能力。尊重原有天然水道,尽量减少人为变化,保护自然水道。为了保留天然河岸蜿蜒平坦的河岸线的特点,可以保持原有河流形状和形态的自由,在满足河道、堤防安全要求的前提下,研究分析水源特性、水温条件、河滩结构等,在此基础上满足绿化功能的需要,确定绿化植物配置方式等。河溪护岸要尽量保持原有生态系统的结构和功能,特别是做好对河岸带原有植被廊道的保护,并根据情况进行适当的修复和整治。

#### 2.生态优先,挖掘地域

在水流比较急、河岸侵蚀较强烈的乡村滨水区域可将园林景观设计、工程和生物技术相结合,综合提升河道生态景观服务功能。滨岸带植被主要有涵养水源、保持水土、净化水质、美化环境四大功效。在植被选择上,尽量选择乡土植物,特别是具有柔性茎、深根可固定河岸的植物,还可以加固土壤。例如,重庆市巴南区乡村滨水河岸以乡村油菜作为主要景观植物,既可美化河岸又具有当地乡村田园景观特色(图8-5)。乡村滨水植物景观规划设计时还需深入调查,充分挖掘当地的文化传统、风土人情,结合特色景观小品,构建滨水区的特色地域景观,提高景观的历史与地方文化的内涵,使滨水地带成为自然与文化、历史与现代的和谐共生空间。例如,安徽省黟县西递村村口池塘以夏季荷花景观为主,且在岸边布置具有乡土特色的水车小品,展现了乡村农耕文化景象(图8-6)。

图8-5 重庆市巴南区河岸油菜花景观　　图8-6 安徽省黟县西递村池塘农耕
文化景观

## (二) 乡村滨水植物景观规划设计程序

乡村滨水植物景观的规划设计是乡村环境面貌改善的过程,这包括多个方面。首先是改善乡村滨水水体的生态环境,乡村滨水区是一个动态的生态带,考虑当地环境的可持续发展和保持水质的清洁净化和流通,可以种植沉水植物苦草等,建立3~5米宽的近岸净化带,提升水体自净能力和抗冲击能力;根据乡村现状,选择合适区域,在自然坡度较缓区域,利用乔、灌草等植被,根据现状构建5~10米宽、生态结构稳定、生物多样性好的河岸缓冲带(图8-7)。其次是对乡村滨水公共活动中心景观进行提升,充分利用乡村遗留历史建筑,对乡村文化的要素及特征进行提炼总结,用现代的设计方法进行演变和设计,运用到滨水景观小品中,提升文化内涵;选用具有地域特色的乡土植物,植物配置以当地自然植物群落为基础,构建滨水地带的乡村轮廓线、滨水景观节点及无阻挡的视线景观走廊等。

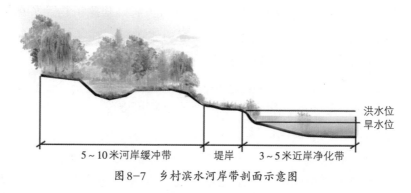

5～10米河岸缓冲带　　堤岸　　3～5米近岸净化带

图8-7　乡村滨水河岸带剖面示意图

# 第三节　乡村滨水植物景观规划方法策略

## 一 河渠

### 1.空间特征

　　根据河渠与村庄的空间分布,可将其位置关系分为三种,即河渠远离乡村聚落、河渠临近乡村聚落和河渠穿越乡村聚落(图8-8至图8-10)。河渠一般为自然式河道,较为狭窄。两侧河堤

图8-8　河渠远离乡村聚落

图8-9　河渠临近乡村聚落

图8-10　河渠穿越乡村聚落

几乎与堤外两侧的农田平齐,沿线种植杨树林等。两侧自然式护坡较陡,坡上植物分布多为藤本植物和草本植物。河渠两侧植物除了具有美化环境、经济生产功能,还应该具备以下功能:第一,在通行频繁的绿道处,乔木树冠形成顶界面,为行人遮阳挡雨,营造舒适的空间环境;第二,在不宜使用者靠近的区域,植物可以形成竖向界面阻隔空间,界定出通行者行走的安全区域;第三,许多树种的果实可以作为鸟类及其他生物的食物来源,为生物提供栖息环境。

**2.植物景观设计策略**

(1)乡村河道植物的色彩应与乡村周围自然环境保持一致。以绿色为基础颜色,其他颜色作为补色,色彩不宜过多、过杂,运用不同色彩之间的协调色和邻补色保持色调的统一,同时富有变化。在进行植物景观营造时注意不同植物之间的搭配,形成四季有景的连续性景观。

(2)植物种植设计应反映出不同河段的景观氛围。针对护坡较为陡峭的河堤,可以选择在河渠两侧种植藤本植物对河堤进行绿化,利用藤本植物发达的根茎提升河渠两侧土壤的蓄水能力。在针对河渠进行植物景观设计工作时,为了进一步提升植物景观的观赏价值,要针对河堤周围具体情况进行灵活的设计。首先,针对河堤两岸道路交叉处以及宽阔的公共空间,要种植树冠大、树体高的乔木,为居民提供舒适的生活环境。其次,在靠近河堤或者护坡较为陡峭的区域,可以通过密植灌木的方式将河堤与两岸的道路进行分割,避免发生意外。最后,河堤附近是鸟类栖息的理想场所,在设计植物景观时应侧重于选择观果类植物,为河堤附近的鸟类提供食物来源,改善鸟类的生存环境。针对河渠进行植物景观设计时,要确保植物景观的颜色与河渠附近的空间颜色一致。

**3.植物配置模式**

乡村滨水景观在植物种类的选择和配置模式上要因地制宜,根据实际情况选择合适的植物种类及其配置模式,具体来讲应遵循以下模式。

(1)涵养水源、保持水土类植物的主要作用是减少、阻拦及吸收地表径流,涵养水分,固定土壤免受各种侵蚀,因此需要根系发达的植物;在表土疏松、侵蚀作用强烈的地方应采用根蘖性强的树种或蔓生植物如刺槐、早冬瓜等。此外,需要植物具有浓密的树冠和较大的冠幅,避免降雨时雨滴直接冲击地表。

(2)净化水质类植物的选择要考虑植物的耐水性,一般耐水性强的树种净化水质的效果也较好。

(3)美化环境类植物的选择应考虑不同季节植物的生长状态,选择不同花期、不同生长周期的植物。营造出四季不同的滨河景观带,是选择植物种类和配置模式的最高要求。

植物种类的选择应以乡土植物为主,一方面乡土植物具有适应性强、市场价格低、易于栽培和管理等优点,可以降低工程的总体成本;另一方面可以有效规避"外来植物"造成的物种入侵或不适应环境等风险。

在植物的配置过程中,尽量避免单一物种的大面积种植,尽可能使用乔-灌-草结合的模式。同时,不同的乔木、灌木、草本植物之间也尽可能交错配置,一方面可以营造错落有致的景观,另一方面也可以避免物种单一造成的植物病虫害。

### 4.植物种植设计模式

根据河渠与周围环境的关系,提出三种沟渠植物种植设计模式。

(1)对于远离乡村聚落的河渠,要尽可能保持河渠的原始面貌,根据两侧绿化面积确定植物的种植形式。当种植宽度充足时,采用密植多行乔木的方式,栽植2行或多行乔木,进一步提升河渠两侧土壤的蓄水能力,注意常绿乔木和落叶乔木、株距和列宽之间的搭配。当种植宽度较窄时,一般单行种植高大挺拔的乔木。为提高生态和景观效果,建议采用乔-灌-草结合的植物配置模式。河渠绿化植物配置模式与农田林网的模式相同,以防护型速生树种为主,如垂柳、毛白杨、雪松、柏树等。在河堤两侧种植单一或者骨干树种做护堤林带,形成两岸碧树加一水的景观效果。由于河渠与村落距离较远,后期维护成本较高,因此要选择抗逆性强、维护简单、树冠宽大的乔木树种,进而形成"绿树+碧水"的视觉效果,也可与农田中农作物的颜色形成对比,增加田园植物景观色彩的丰富性(图8-11与图8-12)。植物景观构建中可选择常绿植物、春花植物,在秋天常绿植物与两侧金黄的农田形成色彩对比,而开花植物又能

在春天和嫩绿的麦田形成颜色对比。

(a)效果图一 　　　　　　　　　　　　(b)效果图二

图8-11　河渠远离乡村聚落植物景观效果图

(a)A乔木+B灌木+C草本　　　　　(b)A枫香+B乌桕+C盐肤木+D野鸦椿+
　　　　　　　　　　　　　　　　　　E野茉莉+F马蹄金

图8-12　河渠远离乡村聚落植物配置示意图

　　(2)对于临近村庄的河道,由于河渠与村民的日常生活联系紧密,可在该区域适当拓宽河道,预留空地设置景观小品打造亲水空间,利用植物景观打造亲水环境,供村民劳作后休闲。良好的植物景观及生态环境能提升村民休闲娱乐的质量。注意,在清澈水面附近不要种植过密的植被,以便能够观察水中倒影。同时注重使用者的观赏视线,减少部分地段的植被对观赏视线的影响。可以利用地被植物覆盖裸露的地面,并采用间植的方式布置少量大型乔木,形成视线通透的景观空间。在视线能够看到的地方,适当点缀彩叶树种,如红枫、鸡爪槭、银杏等,同时选择千屈菜、鸢尾、木芙蓉等观赏型亲水植物,以增强水面和边坡的景观效果(图8-13与图8-14)。

(a)效果图一                    (b)效果图二

图8-13    河渠临近乡村聚落植物景观效果图

(a)A圆冠形落叶植物+B密植成片水生植物+          (b)A银杏+B木槿+C迎春+D鸢尾+E菖蒲
C挺水植物+D浮水植物

图8-14    河渠临近乡村聚落植物配置示意图

（3）对于横穿村庄的河渠，植物配置模式与临近村庄的河渠相似。但由于河渠横穿村庄，河岸两边通常为建筑，因此可绿化空间较小。在植物选择上，通常选择冠幅较小且树形优雅的植物，如银杏、紫薇、木槿等，植物搭配模式也常为小乔木+灌木+草本+挺水植物。对于硬质驳岸，利用藤本类植物进行软化，如迎春、络石、风车茉莉、云南黄馨等。同时需要根据庭院以及道路的颜色，灵活调整河堤植物景观颜色，一方面要与院落保持色调一致，防止出现河堤植物景观与庭院植物景观不协调的问题；另一方面要与道路两侧植物景观有一定的颜色区分，帮助居民辨别河堤方位，避免发生意外落水等安全事故（图8-15）。

(a)效果图一　　　　　　　　　　　(b)效果图二

图8-15　河渠穿越乡村聚落植物景观效果图

## 二　池塘

### 1.空间特征

乡村池塘多由村民自发建设,没有固定的规模,大池塘面积几十亩(1亩≈667米$^2$),小池塘则只有2～3亩。池塘平面形态主要有矩形和圆形两种,边坡普遍较陡,有些池塘甚至是垂直坡面,池深一般在2.5米左右。池塘具有蓄水、排涝功能,是乡村生态营建的重要组成部分。池塘四周往往种植高大的乔木,环境优美,一直是村庄中的公共聚集空间,是传统乡村生产、生活、生态重要的文化载体之一。但随着乡村基础设施的建设,乡村内部铺设排水、排污管道,池塘也逐渐被荒废或被填埋。对现存池塘的恢复和景观改造对于乡村景观地域特征的延续非常重要,也能够增加村民的活动空间。

### 2.植物景观设计策略

(1)进行重建和修复,使之成为适应现代生活需求的景观空间载体。虽然在乡村建设过程中会有新的蓄排水措施,乡村旧式池塘作为蓄水工程的价值会逐渐降低,但其是乡村记忆文化重要载体,同时也是一种湿地生态资源。在重建和修复池塘过程中,要考虑池塘的防洪功能,重要的是提升其使用价值,使其集蓄水、排洪、娱乐、休闲、景观于一体。

(2)在重建池塘过程中,要尊重自然肌理,保留乡村记忆。在重建和设计池塘过程中,基于场地原有的条件,减少对场地的干预。尽量保持原有的生态系统,维持池塘的传统景观风貌特征。

(3)池塘植物景观营造主要包含三个方面,一是池塘的边坡景观营造,二是池塘的水面植物种植,三是池塘周边环境的景观营造。对于池塘的边坡,应根据池塘的大小及周围场地现状,结合乡土植物种植形成人工生态驳岸。草坡驳岸可选择耐冲刷、能保持水土的植物,在临近水面处适当种植黄菖蒲、鸢尾、灯芯草、水生美人蕉等湿生植物,建立人工湿地生态系统。水面植物种植,可选择具有水质净化功能的植物,挺水植物有香蒲、荷花、芦苇等,浮水植物有睡莲、凤眼莲、萍蓬草等,沉水植物有金鱼藻类等。水面植物应间断种植,疏密有致,根据景观效果及植物种类及其分蘖特性,进行片植、块植或丛植。乡村中池塘周边由于绿化空间有限,池塘外围植物景观营造以常绿灌木为主,散植树形美观的孤赏树为辅助布置;对于周边较开阔的水塘,可采用乔、灌、草搭配形成围合的防护林带,排除外界对水域的干扰。植物品种要选择适应当地生长环境、维护成本比较低的植物。在池塘旁种植高大乔木时,要注意林冠线的起伏和视线的通透。在靠近池塘水面的位置,建议选用开花植物或彩色叶植物以丰富水面倒影(图8-16、图8-17)。

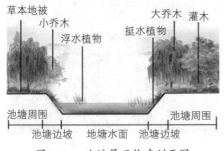

图8-16　池塘景观构建剖面图

图8-17　池塘景观效果图

### 3.植物配置模式

池塘根据其功能可以分为防洪排涝型、生态湿地型、人文景观型、蓄水灌溉型、水系连通型五种池塘。防洪排涝型、蓄水灌溉型、水系连通型池塘往往结构简单,以功能为主,景观效果往往不是特别重要。生态湿地型池塘和人文景观型池塘则对乡村景观风貌的营造有着重要作用。

1)生态湿地型池塘

对于生态湿地型池塘,应系统考虑雨水的综合利用,多样化水源是

解决水资源匮乏切实而有效的途径,能恢复池塘的功能。首先可以在池塘前端设置人工湿地,引入植物对径流雨水或者经过初步处理的生活污水进行净化处理,再排向池塘。

对于池塘边坡比较平缓且种植空间较小的池塘,池塘的边坡采用较为简洁的生态边坡,在边坡上种植耐冲刷、根系发达的地被植物,例如黑麦草、马蹄金等,减缓边坡的水土流失。在水面边缘种植芦苇、菖蒲、灯芯草等湿生植物净化水质。在池塘边坡上及池塘周围区域散植常绿或落叶乔木辅助布置。

对于种植空间较为充足的池塘区域,首先对池塘空间进行分割划分,在池塘的进水口区域形成进水塘,塘中种植具有水质净化功效的湿生植物,构建"水下森林",建立沉水植物保育区,强化水域的自然净化能力,消减污染,使经过净化的水流入观赏塘中。观赏塘中主要种植景观型湿生植物,例如荷花、凤眼莲等。池塘的边坡种植耐冲刷、可保持水土的地被植物。周围零散种植大乔木,作为空间的骨架,形成林荫空间(图8-18、图8-19)。

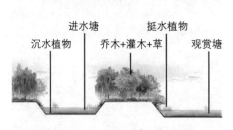

图8-18 进水塘观赏塘剖面图

图8-19 进水塘观赏塘效果图

为了解决池塘水源匮乏的问题,利用乡村中生活废水,应在池塘前设置前置塘,对经过简单处理的生活废水进行水质净化。前置塘中种植能够净化水质的湿生植物,将经过处理的水排入池塘中,在池塘水面种植观赏型湿生植物和具有净化水质能力的功能型湿生植物,使池塘可以维持较好水质且具有较强的景观效果。池塘周围零散布置常绿和落叶乔木,将池塘景观与周围环境融为一体。例如,安徽省黟县宏村村外奇墅湖湿地池塘,在底层采用牡蛎壳、火山岩分层叠加,形成团粒结构与根孔结构(图8-20)。挺水植物形成群落后,修复降解污染物质,保证稳定的处理效果(图8-21)。

图8-20 安徽省黟县宏村奇墅湖湿地
池塘

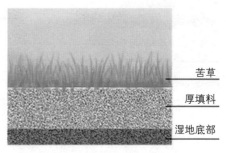

苦草
厚填料
湿地底部

图8-21 水质净化型池塘底部植物构建
剖面图

2)人文景观型池塘

在池塘周围设计活动空间并配置景观小品和亭子、廊架、步道等景观设施,使池塘成为集娱乐、休闲、文化功能于一体的公共活动空间。在池塘水面设置景观小品或者观赏型湿生植物。根据场地需求选择边坡的类型。在场地周围根据场地空间大小设置景观小品和景观设施,并在广场上种植大乔木进行景观营造。

池塘水面局部种植观赏型湿生植物,例如荷花、水生美人蕉等,植物分布疏密有致,不要布满整个水面。在水面边缘种植黄菖蒲、千屈菜等观赏型湿生植物,水面边坡种植马蹄金、铜钱草、葱莲等地被植物,增加边坡的景观效果,同时防止水土流失。在村集体外围栽植高大乔木,要注意林冠线的起伏和透景视线的开辟,预留出观赏空间,在临近水面区域,要选用花木或色叶木以丰富水中倒影(图8-22、图8-23)。

图8-22 人文景观型池塘景观立体剖面

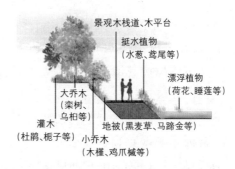

图8-23 人文景观型池塘景观配置模式
示意图

# 第九章 ▷ 乡村防护林景观规划

乡村位于城市郊区地带,远离市中心,随着建筑密度及高度的降低,风力对在空旷低平建筑区域的乡村影响越来越大。因此,通常在乡村区域边界处设置防护林,以减少风力产生的强大气流对村庄的破坏,提高区域农业环境承载力,降低风速,控制土壤侵蚀,改善生物栖息环境。

## ▶ 第一节 乡村防护林景观概述

### 一 概念的界定

#### 1. 防护林

良好的生态环境承载力是保护村庄区域发展的第一道生态屏障,也是景观吸引力建设的前提。而自然灾害的破坏和生态环境的恶化,使得防护林的营造更加重要。防护林是以防护为目的,为了保持水土、涵养水源、调节气候、减少污染、减轻灾害所营造的天然林和人工林。防护林不仅可以减小自然灾害的影响,改善生态效益,也是乡村经济收益的一部分,在乡村中常见于村庄边界、农田、水库及公园等空间。

防护林按其地形地貌等立地条件不同,可分为平原区环村景观防护林和山丘区环村景观防护林。平原地区的环村景观防护林(图9-1)主要是结合村庄的总体规划,以及村庄周围沟、渠、田、路的布局,设置和安排的宽度不等的环村防护林带,以发挥其防风固沙、保护农田、改善环境、美化村庄等功效。山丘地区的环村景观防护林(图9-2)指在山丘区村庄或居民点附近,利用荒山、荒地、荒坡营建的公益林和经济林,既可提高山丘区植被覆盖率,起到保持水土、涵养水源、防止水土流失的作用,又可提高村镇生态景观价值,创造良好的经济效益和景观观赏价值。

图9-1　平原地区防护林　　　　　　　图9-2　山丘地区防护林

### 2.防护林景观

防护林景观是指在生态经济型防护林体系总体建设的框架下,以优化景观结构为目标,结合乡镇、风景区、旅游景点建设进行绿化、美化,以充分发挥防护林体系的生态、经济和景观效益的总体高效的人工生态系统。防护林景观体系建设就是人为地引入不同类型的植物生态系统,增加景观的异质性和多样性,提高有序性。这一方面能增强景观抗干扰的能力,提高生物产量;另一方面能增加可视性,给人以美的享受。

## 二　乡村防护林植物景观现状

防护林常见于村庄边界、农田、水边以及公园等空间。村旁林带往往由村民在村庄外围闲置用地上种植经济树种形成,但如今乡村在发展过程中逐渐向外围延伸扩展,村庄外围预留的建设用地已经寥寥无几,很多外围建筑周围直接与农田相邻,缺少自然过渡的林带。农田生产道路中林带存在断裂的情况,部分地段植物植株矮小、长势较差,难以收到相应的生态、景观效果。部分地段在进行林带布置时未考虑两侧农田耕种、收割时机器进出的需要,给村民的农业生产带来不便。

由于乡村防护林的景观研究刚刚起步,有关乡村防护林景观建设的理论和技术研究较少。当前,乡村防护林景观的规划和建设方面存在一些不容忽视的问题:总体规划布局不合理,景观规划意识不强;部分村镇绿化追求高大上,存在着严重的城市化现象;部分村镇建设模式单一,绿

化质量和标准不高;村镇绿化技术不配套,经营管理措施不到位;树种单
一,结构简单,乡土树种利用率低等。

### 三 乡村防护林植物景观规划设计作用

在村镇周围规划的宽度不等的防护林,通常呈片状或带状分布于村
镇周围或若干地段,对村镇环境起到整体性或区域性保护作用,可以防
止或减轻环境灾害的产生,显著改善和提高村镇生态环境质量。乡村防
护林主要包括水土保持林、水源涵养林、防风固沙林、环境保护林、用材
林和经济林等各种类型(图9-3与图9-4)。这些防护林除具有特定的防
护功能外,还兼具经济、生态和社会功能,对促进农村经济发展、绿化美
化村容村貌具有重要作用。同时,以观光、休闲、游览为主要目的的防护
林,不仅满足了当地居民的休闲、游憩需求,而且提高了村镇的经济收
入,带动了其他产业的发展。

图9-3 防风固沙林

图9-4 农田防护林

## ▶ 第二节　乡村防护林植物景观规划原则及设计程序

### 一 乡村防护林植物景观规划原则

#### 1.整体优化原则

一个景观包含了多个不同的生态系统,而各个生态系统均拥有具体的结构及功能,共同组成了景观系统。在对景观防护林体系进行规划时,要对农业、林业以及牧业进行统一的规划处理,确保不同的体系能够起到相互促进的作用,使得整个体系可以协同发展,从而使得防护林体系具有较强的生态稳定性。农田林网与园林景观,不能像城市那样精致,建设人与自然和谐共荣的乡村田园生态系统,要把握农村讲实效、耐粗放的特点。

#### 2.综合性原则

在进行景观防护林体系的规划过程中,要结合不同学科的理论知识,根据不同的景观防护林特点,选择适合的树种以及灾害防治方法等,让防护林、经济林和风景林等各种功能的林带相互融合,从而构建综合性的景观防护林体系结构。

#### 3.生态美学原则

在景观防护林体系的规划过程中,要注重生态美,其中包含自然美、和谐美以及艺术美(图9-5)等,这也是进行规划工作的重要准则。防护林所拥有的作用及其防护距离等均与防护林带所拥有的结构存在着紧密的关联性。景观防护林带的结构组成还和所选用的树木种类、种植稠密情况及林带的宽度值等多种因素存在关联性,同时不同的因素之间也互相约束、互相影响。在选择林带的结构类型时,应当结合考虑当地所发生的灾害的主要类型及性质。

图9-5　防护林艺术美

## 二　乡村防护林植物景观规划设计程序

在进行景观防护林带规划过程中,首要任务是确保林带具有较强的防风效果。只有防护林带的走向和当地发生的害风方向相互垂直时,才可以起到最优的防护作用。对于防护林的营造,通常根据空间内外围及防护林类型进行打造,首先在外围或边缘用旱生植物组成灌(草)带,覆盖地面,免遭风蚀,成为天然屏障。其次选择高大的乔木,配置适当比例的灌木,形成稀疏结构林带,最大限度地削弱侵入农田的风沙流。而护田林网是农田防护林体系的中心环节,它可以防风阻沙,改善农田气候,防止土壤次生盐渍化,使用"窄林带、小网格"这种防护林类型,起到防护农田、便于田间管理、方便机耕、稳定树木生长作用。防护林体系的建设,还包括护路林、护牧林、护渠林、居民点绿化林和小片用材林等(图9-6)。这些林带在规划设计上虽然各具特色,但都可以发挥相应的效益。

防护林景观设计一定要突出景观优势空间。在植物种植上使用规则方式,对景观区域内的植物进行栽植,突出序列、强调序列,并要起到一定的引导作用,形成整齐的景观走廊,同时还应该选择一些暖色系的植物,突出景观热闹的氛围。为了使景观区域内的每个功能区都能突出自身的特点,防护林带乔、灌木的植物色系应该相近,使景观整体具有一致的色彩基调,形成良好的视觉效果。为了使景观空间更具活跃性,就要选取色彩比较鲜明的植物,穿过灌木之间的空隙,对景观空间进行有效的划分,形成不同的景观风格。防护林的生态结构布局要结合各区域的不同功能,以及景观轴线的实际需求,对防护林带增加的植物品种进行选择,最终确定景观植物的最佳配置,形成别具一格的防护林带生态景观。

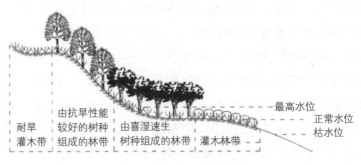

图9-6　水边防护林配置

## 第三节　乡村防护林植物景观规划方法策略

### 一　农田防护林

　　乡村四周农田环绕,村民常在村庄周围的预留建设用地散点或阵列种植乔木形成环村林地,既可以防风,改善乡村聚落内部的小环境,同时也作为农田和乡村聚落的缓冲带,避免直接将建筑暴露在农田中产生的不安全感。农田两侧由村庄统一种植乔木形成防风林,用于改善农田小气候,保证作物高产,具有控温、增湿、阻隔地表径流、控制地下水位等功能。大面积的农田通常是条带状的,形成网格。植物选择以生长迅速、抗性强、防护作用好、有一定经济作用的乡土树种为主。

　　对于林网的方向,主林带要垂直于害风方向,副林带垂直于林带方向;一般在不影响防风的情况下,尽量与现有农田、道路、沟渠边界方向保持一致。主副林带共同形成方格网状的林网,主林带和副林带之间保持不同的间距,主林带一般在4~6米,副林带在1~2米,而在营造连续的农田林网时应预留耕种车辆的入口,宽度4~6米,数量根据需求确定。

　　农田林网植物选择应该综合考虑树木对场地的适宜性以及农作物

的生态要求,建议选择枝干挺拔、树形优美、冠幅较小且侧根不发达的乔木,如圆柏、毛白杨、泡桐、香椿、臭椿、楸树等骨干树种,经济树种可选择紫叶李、核桃、柿树、枣树、梨树、苹果树、花椒树等,注意经济林树种比例不能超过25%。同时,注重植物在生物学特性上的共生互补,注意避免可能给农作物生产带来危害的树种。

一般的防护林带可采用通风或紧密结构。通风型防护林选用常绿或者落叶乔木,列植形式种植于田间地头,间距在4~6米(图9-7)。而设置果园或者种植园两侧防护林时,应采用紧密结构,以防止动物进入果林(图9-8)。在进行树种搭配时,在靠近乡村聚落区域,要考虑林带景观效果,可以形成乔木和景观效果良好的树木间植,形成"花映村际"的景观效果。

(a)A乔木+B间植开花型乔木+C地被

(b)A油桐+B窄基红褐柃+C白檀+D杜鹃+
E黄毛耳草

图9-7　通风型防护林植物配置示意图

(a)A常绿乔木+B开花小乔木+C常绿灌木+D地被

(b)A青冈+B枫香+C野茉莉+D白檀+E野鸦椿+
F淡竹叶

图9-8　紧密型防护林植物配置示意图

为了维持农田林网在时间上持续稳定、在空间上均衡连续的分布格局,可借鉴森林经营学中关于永续经营的理论,形成可持续经营的农田林网结构。不同年龄级别的林带按比例分配,各龄级林带的数量基本相同,在林带更新时,更新林应尽量分布于整个防护区域,且每年更新林带的条数基本相同。

## 二 护路林

对于护路林的建设,可以根据不同树木种类的开花周期,穿插地种植一些树木。例如,刺槐是在5月份开花,而木槿则是在7月份开花,可将两者适宜地搭配种植,这样便能够取得很好的季相变化效果,使得景观防护林更加具有观赏性。护路林常见三种配置模式:一是选择抗风能力强、耐干旱贫瘠的同一种乡土树种作为林带;二是选用针阔混交、常绿与阔叶混交等多种形式,构成多乔混交林带;三是通过乔灌草之间的有机结合,形成错落有致的林带。上层以常绿树种与落叶树种或针叶树种形成混交林,中层点缀观赏灌木,下层种植观赏草本,形成多功能复层护路林群落(图9-9)。田埂以经济高效的小乔木和灌木搭配,兼顾生态与经济效益。

(a)A高塔形常绿乔木+B圆冠形常绿乔木+C密　　(b)A马尾松+B油桐+C窄基红褐柃+D栀子+
　　植成片灌木+D长叶型植被　　　　　　　　　　　E白檀+F淡竹叶

图9-9　多功能复层护路林群落

## 三 村旁林带

村旁外沿区域一般是对乡村边界的限定,构成要素包括农田、道路、河流、林地等,由于这些要素自身形状呈几何状,形成的边界也呈现不同的几何形态。在乡村四周有零散的闲置用地,村民往往在空地上散植乔

木形成村旁林地。乡村在进行植物景观营造的时候往往只注重乡村道路、庭院以及公共空间的绿化,忽视乡村外围林带,使大片的建筑庭院直接暴露在农田之中,非常不协调。村旁林带可以作为乡村与周边农田以及自然环境的生态过渡带,解决生态和视觉景观两方面的问题,在改善乡村生态环境的同时塑造优美的边界景观。

村旁林带还具有防风、隔离噪声的功能。在进行村旁林带营造时,因地制宜,充分考虑乡村边缘的地形以及现有植被情况。例如,一些地区常年吹东北风,冬季以西北风为主,所以在冬季西北风入风口密植乔木以降低风速,减少寒风对村庄内部的袭击。防护林的方向与主要害风方向垂直或有一定的夹角。林带宽度不应小于10米,且注意保持林带的连续性,提高林带的防护效果。在入风口以高大的常绿阔叶林为主,适宜配植中高层乔木和灌木,如银杏、速生杨、毛白杨、泡桐、悬铃木、榆树、国槐、栾树、香椿、臭椿、楸树等乔木,柿树、梨树、桃树、樱花树、山楂树、枣树、核桃树、花椒树、紫叶李等灌木,形成较为封闭的林带。在树种选择时尽可能选择速生树种,以便尽快发挥林带的防护功能和景观效果。

除了以上功能,村庄周围的植物景观还作为遮挡屏障,增强村庄聚落内部的私密性和安全感。在传统乡村中,庭院中往往栽植较大的乔木,除了起到统一连接的作用,还能形成起伏、层次丰富的林缘线。但随着建筑庭院的布局变化,庭院中的大乔木逐渐被小灌木以及地被植物取代,乡村边界变得平缓且单调。在乡村植物景观营造过程中,可以利用村庄林带重新塑造村庄的边界线。除了在冬天盛行风口处密植乔木,在村庄边缘其他位置可以混植单排或者多排乔木,林缘可栽植小灌木和地被植物。其既可以作为村庄与周围自然环境的过渡带,为小动物营造栖息环境,同时又可以塑造起伏变化的林缘线。

# 第十章 乡村农田植物景观规划

农田景观是乡村地区最具代表性的景观,也是乡村有别于城市景观最典型的地方。在农田景观中,农作物套种的形态、田垄、防护林、机耕路、沟渠等构成农田肌理。农田是村民从事生产、经营、农事活动的区域,是人们利用和改造自然最为频繁的空间,能客观反映农业所带来的社会经济、产业结构生命力。以农业生产为第一产业发展品牌产业链,可带动二、三产业的发展,改变当地传统产业结构。传统农业产业向"农业+"理念转变,借助全域旅游发展乡村生态农业游,使景观更具可持续性,不仅能提升农业附加值,还能带动乡村经济消费,增加景观生命力。同时,人与自然在长期发展过程中因地制宜开发形成的半自然生产景观,是乡村的生态保障,具有良好的承载能力。在视觉上呈现的田园自然风光,使其具有独特的地域吸引力。

## ▶ 第一节 乡村农田景观概述

### 一 概念的界定

#### 1.农田

农田,是指从事农业生产的土地。地理学上,农田是指种植农作物的土地。《辞海》对"农田"的解释为:耕种的土地;指管理农田的职事。在中国古代就有"已耕者为田"的说法。《礼记·王制第五》中有"制:农田百亩"的记载。《宋史·食货志上一》有云:"于是以贾昌朝领农田,未及施为而仲淹罢,事遂止。"农田向人类提供粮食、蔬菜和其他农副产品,是人类

衣食住行所需基本要素的来源,是人们从事农耕事业的场地,也是人类从原始采集、狩猎时代进入另一个时代的标志。

### 2.农田景观

农田景观是以农田为主的景观,是受人类生活生产影响最为强烈的一类景观,由于人类不断地进行播种、施肥、灌溉、收获等活动而产生,并因不同的水文、土壤、气候、生活习俗、生产方式和生产资料而呈现出不同的景观特色,如我国长江流域的稻田景观、西南山区的梯田景观(图10-1与图10-2)等。农田景观是不仅可以生产维持人类生存所需的食物,而且本身也具有视觉特质的景观。广义上讲,农田景观是指在用来进行种植农作物的土地上的空间和物体所构成的综合体,并涵盖该空间区域里的文化、习俗、生活气息等;狭义上讲,是指以耕地为中心的自然景色。

图10-1　稻田景观

图10-2　梯田景观

### 3.农田植物景观

农田景观空间是长期演变而来的村民自发选择下的植物基质景观,农田植物可分为传统农作物与经济作物,其所呈现的景观风貌是乡村景观的主体,是乡村景观的基底。农田植物景观随着农作物生长的不同阶段所呈现的色彩而不断变化。同样种类所形成的田园景色是壮阔的,而不同种类所组合形成的景观效果是变化多样的。在对其进行植物景观营造时,应在尊重现有种植模式的基础上,在最大限度地保留其基底的基础上,对其植物景观进行适当的梳理。

## 二 农田植物景观现状

我国对乡村景观的生态保护起步较晚，是于环境污染危机出现之后才开始的，且开发不合理，重视程度不高。而农田景观规划理论大部分引自国外，适合我国本土特色发展的理论欠缺，且基本概念、分类体系不明确，评价标准不一。并且我国相关的法律和政策有待优化，特别是针对特色景观的法律构建不全面，缺乏公众参与。

我国农田强调其生产功能，对于农业景观美学的认识，只停留在表面，而把农田提升为景观设计的很少。农田景观种植过程中节水灌溉比例不高，机械化程度低，覆盖除草比例低，导致种植过程消耗了太多的人工成本，园区经营者负担过重。并且在景观种植时多规模化种植，缺少文创和生态理念的融合，没有营造出季相多元、色彩丰富、自然生态的农田景观。

## 三 农田植物景观规划设计作用

农田是人们食物的重要来源，也是乡村占地面积最大的景观。经过人类千百年来的整理，农田分割后的肌理，多姿多彩的农作物，在较大的尺度上形成可游可赏的景观空间，形成了乡村原生态的景观基底。农田景观的传统生产性与现代审美性相结合的创意农业和观光农业等是农业发展新方向。农田植物景观的设计研究，有助于提升农田景观的价值和协调城市、农村、环境的关系，为解决一直困扰我国发展的"三农"问题、地域特色缺失问题等提供新的思路和途径，是我国城乡统筹、农业可持续发展和农民致富的现实需要。

## 第二节　乡村农田植物景观规划原则及设计程序

### 一　农田植物景观规划原则

#### 1.综合考虑原则

践行"山水林田湖草生命共同体"理念,坚持科学发展观和景观方法原则。综合考虑耕地质量提升、生物多样性保护、氮磷流失阻控等目标,恢复和提升生态系统服务功能。从"山水林田湖草"更大的景观格局出发,优化农田格局。农田是农业景观设计的基底,设计时要综合运用农业生态学、美学及园林规划理论和相关农业技术手段,对田地、农作物、林带、农业设施等要素,进行合理规划设计,满足农业物质生产、农田艺术设计和休闲产品三方面的要求。

#### 2.科学创新原则

农业科技的发展催生了很多新兴的农业种植技术,形成了很多新型农业景观。作物种植方式从水平变成垂直,种植场所从露天变为温室,更有层出不穷的作物新品种进入景观植物的行列,如小麦和水稻可以充当草坪植物,羽衣甘蓝早已是"资深"的景观植物。科技的发展,使得乡村景观脱离了传统的桎梏,向着更多彩的方向迈进。

#### 3.艺术创造原则

农田植物景观规划设计时需要通过艺术构图,在二维平面内根据地形地貌特征采用几何规则式或线性自然式两种方法,将本土农田作物组合成具有审美特征的农田艺术景观。针对不同地区农业用地形式和作物种植特点,农田艺术构图主要采用以下三种模式,即图案式、碎拼式(图10-3与图10-4)和梯田式。基本色调以农业作物当季色彩为主,设计时根据植物生长特点,宏观考虑作物季相构图,重点突出某个季节的特色,形成鲜明的景观效果。

图10-3 图案式农田         图10-4 碎拼式农田

### 4.保护优先原则

当前的农田景观发展只求经济而忽视生态,导致土壤环境恶化、水体污染及水土流失等问题频繁出现。针对这些问题,农田植物景观设计必须要以保护优先为原则,在保护中促发展,在发展中促保护。保护优先原则是最大限度地保证农田景观的原真性、整体性,将农田与乡土元素结合,并使它们具有客观真实性。大多数带有乡土韵味的景观设计都基于一个前提条件,即在进行农田植物景观规划和设计过程中尽可能地减少人为干预,其设计绝不能离开生态,必须保护农作物物种的多样性,保护其景观格局的完整和连续,保护生态环境及其循环系统,提高农田景观的环境承载力。

## 二） 农田植物景观规划设计程序

农田植物景观的规划设计首先应是构建出整体稳定的生态格局,通过设计与景观生态相结合,对农田景观格局进行保护、恢复和重构,形成"点(斑块)—线(廊道)—面(基质)"一体化,确保农田生态系统整体稳定性。农田植物景观系统的建立是以耕地为基质,以田野、观赏园林、养殖场、绿林和村庄为斑块,以林带、树篱、沟渠、道路等为廊道。农田生产性景观要素的斑块大小影响农业的生产率,制约着物质循环和能量流动,且斑块数量越多,越有助于形成农田景观的生物多样性,促使农田景观生态性的增加。平原地区板块形状规则,便于机械化作业;山地条件下,如梯田这种特殊地貌,即使斑块面积再大,也无法进行同平原般的机械化作业,仍然要发展传统种植技术。

农田生产性景观具有鲜明的地域性,不同地貌特征导致农田景观不尽相同,其根本原因在于当地非物质文化的主导,并且不同地区的气候、土壤、地形条件都不一样,适应这片地区生长的农作物也不尽相同。而农作物在播种、发芽、长叶、开花、结果、收获整个过程中的生理变化和色彩变化等都是季相变化的内容。农田景观一年四季的变化最直观的就是颜色的变化。通过利用农作物的季相表现特点,合理利用其果实、叶片等季相外貌,对农作物进行合理搭配,形成富有美感的农田景观。传统农作物适应性强,分布范围广,由此开展的季相设计效果不明显,因此,需要借助当地的地形地貌、气候资源、富有地方特色的乡村建筑,辅助农作物造景,进行更深一层的农作物季相设计。

农田的边缘与道路、沟渠或其他景观相接的地方称为田缘线,是村民最直接观赏的地带,设计应以自然为基础。水网区田地边缘可与水生景观相结合,保存村内孤立的树木和树丛,可以种植挺水植物,形成从浅水区到农田的自然过渡。同时充分利用场地的地形地貌或者按照功能所需适当进行改造,利用乔灌木和草本植物营造具有韵律感的林冠线和高低起伏错落有致的田冠线,既有近景又有远景,丰富农田景观。

## 第三节 乡村农田植物景观规划方法策略

### 一 农田空间特点

我国土地辽阔,形成较为多样的地域性农田景观。南方地区水资源丰富,河网密布,产生网格式的圩田景观。北方地区气候干旱,降水稀少,营造出平川式的平原景观,平原型村落、盆地型村落一般耕地面积充足,并且多位于平地上,同时,耕地又具有一定的量,农田景观便呈现大气广阔之势。山地型村落、坡地型村落受地理条件的限制,可利用耕地的面积远远小于平原地区的村落,为了充分利用耕地,往往采用高低错落的梯田形式,能够增加耕地面积,这种由村民智慧形成的梯田文化,使得大地景观具有丰富的层次感。

## 二 农田植物景观设计要点

农田景观在很大程度上代表了乡村的地域文化特色及乡村的辨识度,是区别于城市植物景观的重要特点。在人们更追求精神需求的今天,人们对大规模农耕景观所体现出来的广阔和谐、田园野趣的意境,有着出于本能的追求,完成从生产到审美的结合,进而产生比经济效益更深更广的人地关系情怀。在农田植物景观营造方面,需首先考虑乡村特有的经济作物、当地的乡土蔬菜,展现当地的地域文化。其次,考虑栽培作物的植株形态、色彩、季相及整体美感等。这种有意识地选择栽培作物,使得自然与地域文化不断融和并赋予农耕景观审美的新内容。以生态的手法,使自然生态景观得以保护和利用,延续其原有的特色风貌,强调地域文化的延续,生态、文化、经济的可持续发展,并适当与第二产业、第三产业甚至第四产业相结合,多效发展,在保持自然景观的同时,更大程度地增强自然景观的吸引力,发挥经济功能、社会功能、美学功能。对自然林地植物景观的营造,应建立在充分调查自然林地群落层次、植物种类、物种的多样性、群落的稳定性等科学基础上,以保护为前提,营造更合理的,经济、生态方面可持续发展的林地景观。

## 三 农田植物景观设计模式

农田植物景观的设计方法大致有两种:第一种是均衡考虑各个季节的观赏作物,营造四季不同景观效果;第二种是特别针对某一季节进行季相设计,突出该季节的季相特征。第二种对于发展乡村观光农业具有局限性,乡村地区环境优美,空气清新,人为干扰少,乡村之所以存在,具有持久的稳定性,进行单一季节的农作物季相设计,会造成生态环境的不平衡,并且不利于建设美丽乡村。对农田植物景观而言,应最大限度保证四季皆有景可观,不仅在景观层面保证乡村风貌,而且从生态角度稳定区域生态系统。

对于农田四季景观的营造,通过作物从播种到收割期间呈现不同的色彩和形态来体现(图10-5)。根据幼苗期、生长期和成熟期三个阶段,划分颜色类别:幼苗期嫩绿色,生长期深绿色,作物成熟期逐渐呈现各自

特征。小麦的金黄色给人丰收的感觉,高粱的深红色给人激情张扬的感觉,水稻金黄色的秸秆搭配黄色、紫色的稻穗给人以饱满的感觉。收获期是颜色反差最大的时期,大部分越冬农作物在初春均可做草皮使用。因此,在春季主要依靠油菜花、果树所开的花以及嫩绿的麦苗进行景观营造;夏季主要依靠小麦、水稻成年植株的翠绿和部分农作物的果实来营造景色;秋季主要依靠成熟的粮食作物来营造壮观的农田景色,以黄色为主;冬季除了果树优美的枝干,秋季收割后设计的稻草人、冬季的菜叶蔬菜设计的图案造型成为主角。蔬菜类作物的植株形态、果实颜色、叶片颜色和形状都可用作观赏。如绿色蔬菜油菜、青菜等,紫色蔬菜茄子、紫叶甘蓝,黄色蔬菜油菜花、南瓜、黄花菜等。

平原地区规则的农田斑块的农作物品种不同,导致颜色不同,形成简单的图案;通过农作物不同品种的搭配,设计趣味性的图案样式,以平原农田为基底,彩色图案镶嵌其中,构成一幅美丽的画卷,如稻田画(图10-6)、农田迷宫、农田图画等。农田景观图案的选择很多,可以是文字、肖像、象征性图案等。这些都是具象的图案,给人以直观的感受。丘陵地区不规则的农田斑块,即使种植单一的水稻,利用农作物的不同颜色或者地形的高低起伏进行设计,也能产生起伏多变的立体感画面。

图10-5　稻田季相景观

图10-6　稻田画

# 第十一章　其他植物景观

## ▶ 第一节　寺庙植物景观

寺庙在乡村中既是村民拜佛祈祷的信仰空间,也是村民休闲观赏的娱乐空间。寺庙氛围很大程度上依赖植物的营造,除此之外,植物在寄托情感、美化环境方面也具有重要的作用。寺庙中植物结合寺庙内的建筑和道路布局优化设计,形成错落有致的植物景观,烘托寺庙园林氛围,提升寺庙园林功能性和审美性。根据对村庄的调研,总结出寺庙在乡村聚落中的布局形式大致分为三种:一是位于风水口,起标志作用;二是位于村落的内部或核心位置,或某一角落,位置相对随机,寺庙周围常形成广场;三是位于村落外围,独立于聚落,其选址形成对聚落整体护卫的格局。

村口处小庙,往往位于道路交叉口,结合周围空地形成小的活动空间。在寺庙周围选择体量较大的常绿或落叶乔木作为背景(图11-1),与寺庙结合形成村庄标识,增强村庄的可识别性。可选择与宗教文化相关的植物,如菩提、七叶树等(图11-2)。乡村中的寺庙还会选择松柏、银杏等姿态优美、树龄长的植物,以预示佛教香火源源不断、源远流长。

图11-1 周围大体量背景乔木

图11-2 门口与宗教文化相关的树种

位于村落外围的寺庙往往规模相对较大,具有前院和后院空间。场地内部对植或孤植常绿乔木作为寺院的主体植物,搭配灌木和地被植物形成层次丰富的植物群落(图11-3)。后院丛植松、柏、竹等常绿植物,体现其庄严肃穆的氛围。在寺院外围丛植常绿或落叶乔木作为寺院的背景,使其与周围环境融为一体。在乡村的寺庙中,僧人靠自给自足来生活,基本依赖寺院中可食用的经济作物。例如,在场地面积充足的情况下,会设置菜圃(图11-4)、花圃、果圃、药圃等。

图11-3 寺庙院内植物群落

图11-4 寺庙菜圃

村庄聚落内部的寺庙,利用寺庙周围空间形成广场或道路,作为村民的休闲活动空间。在寺庙常对植常绿针叶树种,烘托寺庙肃穆的景观氛围。设置花架以及种植落叶及开花植物,营造舒适的活动空间环境。佛教历来重视香花植物,可选用丁香、桂花、结香、白兰花、蜡梅、兰花等。

## ▶ 第二节　宗祠植物景观

　　宗祠是宗族权力的象征，一般是供奉神灵、祭祀祖先所用，承担着礼制、教化、休闲的作用，体现了宗族的骄傲与荣誉。这种宗族制度的信仰文化产生的仪式感使得人们在对宗祠周边植物景观营造时，多采用规则式的符号来表达人们对神灵、祖先的恭敬。在进行宗祠周边植物景观营造时，在植物种类的选择上多选择常绿植物，如松柏、桂花等树种；选择树冠优美、枝干挺拔的常绿针叶乔木作为基调树种，以阔叶落叶乔木为辅助树种，搭配观赏灌木及地被植物，形成乔—灌—草的合理配置，形成层次丰富、错落有致的景观空间变化。同时考虑不同季节植物色彩的变化，尽量实现"三季有花，四季有景"的配置，增强园林景观的观赏性，布局形式多采用规则式列植。例如安徽省黟县宏村祠堂植物以乡土常绿植物为主，在建筑周围列植树木（图11-5）。

图11-5　安徽省黟县宏村祠堂

## ▶ 第三节　停车场植物景观

　　停车场是乡村重要的接待功能空间，停车场植物以松树和常绿灌木

为主,高大植物的种植可以为场地提供大面积的遮阳树荫,保留场地原有的高大乔木对夏日的阳光有很好的遮挡效果(图11-6)。在日照相对薄弱的林下空间,种植狗脊蕨等较大蕨类植物可以有效覆盖地面。地被植物中蕨类植物的使用可以塑造乡村的气息,如狗脊蕨、金毛狗、毛蕨、紫萁等植株,挺直且高度较高的蕨类植物在停车场周边的片植可以形成绿意丰富且稳定的效果。

图11-6 停车场乔木

"在地"的设计理念主张设计应从当下的土地环境出发,挖掘与利用场地环境中存在的微小设计要素,创造符合当地特征的建筑。"在地"并不是乡土场域特性的普遍表达,也不是乡土特征的简单表征,而是针对当下具体的场地、人、文化及社会等多要素,附加了设计内涵的回应,是乡村所在的空间与当地的特色产业、自然环境、风土人情、民俗文化等共存的状态。

乡村场所是乡村植物景观的重要载体,承载着乡村特有的历史记忆、生产生活智慧和民风地域特色。因此,发现、重估、输出乡村价值,传承乡村场所特有的乡土特征,实现乡村文化再生,激发乡村潜在的活力,实现乡村场所的在地性表达,显得尤为重要。

乡村"在地性"表达并不是简单的"因地制宜"。中国社会科学院农村发展研究所副研究员、中国农村社会问题研究中心秘书长李人庆指出,"在乡村在地化发展过程中,要综合考虑多个维度,包括发展的在地性、自然景观的在地性、产业的在地性、文化的在地性、人和技术的在地性等"。